ICS 13. 020. 01
Z 01

DB41

河 南 省 地 方 标 准

DB41/T 1154—2015

矿山地质环境
恢复与治理工程施工监理规范

U0235925

2015-12-30 发布　　　　　　　　　　2016-03-01 实施

河南省质量技术监督局　发　布

图书在版编目(CIP)数据

矿山地质环境恢复与治理工程施工监理规范:河南省地方标准:DB41/T 1154—2015/河南省国土资源厅编.—郑州:黄河水利出版社,2016.3

ISBN 978-7-5509-1389-9

Ⅰ.①矿… Ⅱ.①河… Ⅲ.①矿山地质-地质环境-治理-工程施工-施工监理-规范-河南省 Ⅳ.①TD167-65

中国版本图书馆 CIP 数据核字(2016)第 060052 号

组稿编辑:王路平 电话:0371-66022212 E-mail:hhslwlp@126.com

出 版 社:黄河水利出版社
　　　　地址:河南省郑州市顺河路黄委会综合楼14层 邮政编码:450003
发行单位:黄河水利出版社
　　　　发行部电话:0371-66026940、66020550、66028024、66022620(传真)
　　　　E-mail:hhslcbs@126.com
承印单位:河南承创印务有限公司
开本:890 mm×1 240 mm 1/16
印张:5.75
字数:160 千字　　　　　　　　　　印数:1—1 000
版次:2016 年 3 月第 1 版　　　　　　印次:2016 年 3 月第 1 次印刷
定价:60.00 元

目　次

前　言

本标准按照 GB/T 1.1—2009 给出的规则起草。

本标准由河南省国土资源厅提出。

本标准起草单位：河南省地质矿产勘查开发局、河南省地质矿产勘查开发局第四地质勘查院、化工部郑州地质工程勘察院、黄河勘测规划设计有限公司地质工程院、华北水利水电大学资源与环境学院、河南省矿源地质有限公司。

本标准主要起草人：王现国、刘志国、廉勇、梁世云、李斌、黄玉娥、席文明。

本标准参加起草人：陈书涛、兰勇、谷芳莹、杨志勇、刘宏奎、康春景、王晨旭、张荣波、温秋生、王和平、张建良、周奇蒙、黄志全、吴琦。

矿山地质环境恢复与治理工程施工监理规范

1 范 围

本标准规定了矿山地质环境恢复与治理工程施工监理的术语和定义，总则，监理组织及监理人员，施工监理工作程序、方法及要求，施工准备阶段的监理，施工实施阶段的监理，工程质量保证期的监理。

本标准适用于矿山地质环境恢复与治理工程施工监理。

2 规范性引用文件

下列文件对于本文件的应用是必不可少的。凡是注日期的引用文件，仅注日期的版本适用于本文件。凡是不注日期的引用文件，其最新版本（包括所有的修改单）适用于本文件。

GB 5749 生活饮用水卫生标准

GB/T 5750.1～5750.13 生活饮用水标准检验方法

GB/T 14848 地下水质量标准

GB 15618 土壤环境质量标准

GB/T 15776 造林技术规程

GB/T 16453.1 水土保持综合治理 技术规范 坡耕地治理技术

GB/T 16453.2 水土保持综合治理 技术规范 荒地治理技术

GB/T 16453.3 水土保持综合治理 技术规范 沟壑治理技术

GB 50021 岩土工程勘察规范

GB 50026 工程测量规范

GB 50201 土方与爆破工程施工及验收规范

GB 50203 砌体结构工程施工质量验收规范

GB 50204 混凝土结构工程施工质量验收规范

GB 50296 管井技术规范

GB/T 50319 建设工程监理规范

GB 50330 建筑边坡工程技术规范

CJJ 76 城市地下水动态观测规程

DZ/T 0133 地下水动态监测规程

DZ/T 0219 滑坡防治工程设计与施工技术规范

DZ/T 0221 崩塌、滑坡、泥石流监测规范

DZ/T 0222 地质灾害防治工程监理规范

DZ/T 0239 泥石流灾害防治工程设计规范

DZ/T 0287 矿山地质环境监测技术规程

JGJ 94 建筑桩基技术规范

JGJ 106　　建筑基桩检测技术规范

TD/T 1012　　土地开发整理项目规划设计规范

TD/T 1031　　土地复垦方案编制规程

3 术语和定义

下列术语和定义适用于本文件。

3.1 矿山地质环境

矿山建设与采矿活动所影响到的岩石圈、水圈、生物圈相互作用的客观地质体。

3.2 含水层破坏

矿山建设与采矿活动导致的地下含水层结构改变、地下水位下降、水量减少或疏干、水质恶化等破坏现象。

3.3 矿山地形地貌景观破坏

因矿山建设与采矿活动改变了原有的地形地质条件与地貌特征，造成的土地毁坏、山体破损、岩石裸露、植被破坏等现象。

3.4 土地资源破坏

因矿山建设与采矿活动而造成的土地损毁、地形改变、水土流失、耕作能力降低等现象。

3.5 矿山地质环境问题

受矿山建设与采矿活动影响而产生的地质环境变异或破坏的事件。主要包括因矿产资源勘查开采等活动造成的矿山地质灾害（崩塌、滑坡、泥石流、地面塌陷、地裂缝、危岩体等）、含水层破坏、矿山地形地貌景观破坏、土地资源破坏等。

3.6 矿山地质环境恢复与治理工程

对各种矿山地质环境问题采取适当技术措施和工程手段，因地制宜地进行恢复、治理与利用的一系列工程。

3.7 地质灾害防治工程

围绕地质灾害预防、治理而进行的一系列工程。

3.8 矿山地质环境监测

对主要矿山地质环境要素、矿山地质环境问题、矿山地质灾害、治理工程进行的监视性的测定。

3.9 监理单位

取得国土资源部门颁发的监理资格等级证书，并与发包单位签订了监理合同，提供监理服务的单位。

3.10 监理人员

在监理机构中从事矿山地质环境恢复与治理工程监理的总监理工程师、监理工程师和监理员及相关人员。

3.11 监理实施细则

由专业监理工程师负责编制，并经总监理工程师批准的用以实施某一重要项目（关键部位、隐蔽工程）或某一专业监理工作的操作性文件。

3.12 工程质量保证期

从工程移交证书中注明之日起，至工程施工合同约定时间为止的时段。

4 总 则

4.1 矿山地质环境恢复与治理工程，按照工程投资划分为大型、中型、小型工程三个等级：
    a）大型：工程投资在 1 000 万元以上的；
    b）中型：工程投资在 500 万元以上 1 000 万元以下的；
    c）小型：工程投资在 500 万元以下的。

4.2 监理单位应按照国务院、国土资源行政主管部门批准的资格等级和业务范围承担监理业务，并接受国土资源行政主管部门的监督和管理。

4.3 矿山地质环境恢复与治理工程施工监理应按有关规定择优选择监理单位。

4.4 监理单位应达到 GB/T 50319 的基本要求，遵守国家法律、法规、规章，独立、公正、公平、诚信、科学地开展监理工作，履行监理合同约定的职责，应有效控制工程建设项目质量、投资、进度、安全等目标，加强信息管理，并协调建设各方之间的关系。

4.5 监理单位应采用先进的技术和手段实施监理工作。

5 监理组织及监理人员

5.1 监理单位

5.1.1 监理单位与发包单位应依法签订监理合同。

5.1.2 监理单位不得与所承担监理项目的施工单位、设备和材料供货人发生经营性隶属关系，也不得是这些单位的合伙经营者。禁止转让、违法分包监理业务。

5.1.3 监理单位应依照监理合同约定，组建项目监理机构，配置满足监理工作需要的监理人员，并在监理合同约定的时间内，将总监理工程师及其他主要监理人员派驻到监理工地。人员配置如有变化，应事先征得发包单位同意。

5.1.4 监理服务范围和服务时间发生变化时，监理合同中有约定的，监理单位和发包单位应按监理合同执行；监理合同中无约定的，监理单位应与发包单位另行签订监理合同补充协议，明确相关工作、服务内容和报酬等相关事宜。

5.2 监理机构

5.2.1 监理单位履行施工阶段的委托监理合同时，应在施工现场建立监理机构。监理机构在完成委托监理合同约定的现场监理工作后可撤离施工现场。

5.2.2 监理人员应包括总监理工程师、监理工程师和监理员，必要时可配备副总监理工程师。

5.2.3 监理机构的基本职责与权限应包括下列各项：

    a) 协助发包单位选择设备和材料供货人，核查并签发施工图纸；

    b) 签发指令、指示、通知、批复等监理文件，协助处理变更及合同实施中的问题；

    c) 检验施工项目的材料、构配件的质量和工程施工质量，检查工程施工进度及现场施工安全和环境保护情况；

    d) 处置施工中影响工程质量或造成安全事故的紧急情况；

    e) 参与或协助组织工程验收。

5.3 监理人员

5.3.1 监理人员资格

5.3.1.1 总监理工程师，应具有三年以上同类工程监理工作经验。大型项目的总监理工程师必须由具有水文地质、工程地质或环境地质专业的高级及以上专业技术职务人员担任；其他项目也必须由具有上述专业中级及以上专业技术职务人员担任。

5.3.1.2 副总监理工程师，应由总监理工程师书面授权，具有两年以上同类工程监理工作经验、中级职称以上人员担任。

5.3.1.3 监理工程师，应由具有一年以上同类工程监理工作经验、中级职称以上人员担任。

5.3.2 监理人员守则

5.3.2.1 不得泄露与本工程有关的技术和商务秘密，并应妥善做好治理发包单位所提供的工程建设文件资料的保存、回收及保密工作。

5.3.2.2 除监理工作联系外，不得与施工单位和设备、材料供货人有其他业务关系和经济利益关系。

5.3.2.3 不得出卖、出借、转让、涂改、伪造资格证书或岗位证书。

5.3.3 总监理工程师要求

5.3.3.1 大型工程项目，一名总监理工程师只能承担一个工程项目工作。

5.3.3.2 非大型工程项目，如总监理工程师需担任两个合同项目的总监理工程师，应经发包单位同意，并配备副总监理工程师。

5.3.3.3 总监理工程师可通过书面授权副总监理工程师履行总监理工程师的职责。

5.3.4 总监理工程师主要职责

5.3.4.1 矿山地质环境恢复与治理工程施工监理实行总监理工程师负责制，全面履行监理合同中所约定的监理单位的职责。主持编制监理规划（主要内容见附录A），制定监理机构规章制度，审批监理实施细则（主要内容见附录B），审核监理工作总结报告（主要内容见附录D），签发监理机构的文件。

5.3.4.2 审批施工单位提交的施工组织设计、施工措施计划、施工进度计划和资金流计划。

5.3.4.3 主持或授权监理工程师主持监理例会和监理专题会议。

5.3.4.4 签发进场通知、合同项目开工令、分部工程开工通知、暂停施工通知和复工通知等重要监理文件；协助处理设计变更等事宜。

5.3.4.5 检查监理日志；组织编写并签发监理月报、监理专题报告、监理工作报告；组织整理监理合同文件和档案资料。

5.3.5 监理工程师主要职责

5.3.5.1 收集、汇总、整理监理资料，参与编制监理规划，编制监理实施细则、监理月报，填写监理日志。

5.3.5.2 核查进场材料、构配件、工程设备等的数量、质量情况及其检测报告、合格证等质量证明文件。

5.3.5.3 检验工程的施工质量，并予以确认或否认。

5.3.5.4 审核工程计量的数据和原始凭证，确认工程计量结果。

5.3.5.5 提出变更、质量和安全事故处理等方面的初步意见，参与工程的质量评定工作和验收工作。

5.3.6 监理员主要职责

5.3.6.1 核实进场原材料质量检验报告和施工测量成果报告等原始资料；对重要部位和关键工序实施旁站监理。

5.3.6.2 检查施工单位用于工程建设的材料、构配件、工程设备使用情况，并做好现场记录。

5.3.6.3 检查并记录现场施工程序、施工工法等实施过程情况；检查工程计量的数据和原始凭证，核实工程计量结果。

5.3.6.4 核查关键岗位施工人员的上岗资格；检查、监督工程现场的施工安全和环境保护措施的落实情况。

5.3.6.5 检查施工单位的施工日志和试验室记录；核实施工单位质量评定的相关原始记录。

6 施工监理工作程序、方法及要求

6.1 工作程序

6.1.1 签订监理合同，明确监理工作范围、内容、目标、服务期限、监理报酬以及职责和权限。

6.1.2 依据监理合同，组建现场监理机构，任命总监理工程师，并选派监理工程师、监理员和其他工作人员。

6.1.3 了解并熟悉与本工程建设有关的法律、法规、规章以及技术标准，熟悉工程设计文件、工程施工合同文件和监理合同文件。

6.1.4 由总监理工程师主持编制项目监理规划，组织施工图会审，并进行设计、监理工作交底。

6.1.5 编制各专业、各项目、关键工程、隐蔽工程等监理实施细则，明确各项工程各部位的监理方法。

6.1.6 总监理工程师批准施工单位开工申请报告，实施监理工作。

6.1.7 对施工单位提交的各类文件（进度、投资、质量、安全等）及时反馈、回复，并督促施工单位及时整理、归档。

6.1.8 提交有关档案资料、监理工作总结报告；参加工程质量评定和验收工作；签发工程移交证书和工程保修责任终止证书。

6.2 工作方法

6.2.1 现场记录

监理机构应认真、完整记录每日各施工项目和部位的人员、设备和材料、天气、施工环境、完成的工作量以及施工中出现的各种情况。

6.2.2 发布文件

监理机构采用通知、指示、批复、签认等文件形式进行施工全过程的控制和管理。

6.2.3 旁站监理

监理机构按照监理合同约定，在施工现场对工程项目的重要部位和关键工序的施工，实施连续性的全过程检查、监督与管理。

6.2.4 巡视

监理机构对所监理的工程项目进行定期或不定期的检查、监督和管理。

6.2.5 跟踪检测

在施工单位进行试样检测前，监理机构应对其检测人员、仪器设备以及拟订的检测程序和方法进行审核；在施工单位对试样进行检测时，实施全过程的监督，确认其程序、方法的有效性以及检测结果的可信性。

6.2.6 平行检验

监理机构在施工单位对试样自行检验的同时，独立抽样进行检验，以核验施工单位的检验结果。

6.2.7 协调

监理机构对参加工程建设各方之间的关系以及工程施工过程中出现的问题和争议进行的调解。

6.2.8 见证

在重要部位、关键工序、隐蔽工程实施过程中，监理人员在现场进行的监督活动。

6.3 工作要求

6.3.1 爆破工程施工监理

6.3.1.1 检查爆破施工单位是否具有相应资质、爆破人员是否经过专业培训并取得相应资格证书。

6.3.1.2 检查爆破工程是否满足 GB 50201 等现行有关标准的规定。

6.3.1.3 检查爆破方案是否经专家评审，是否分别报送当地公安部门及监理工程师审批。

6.3.1.4 检查爆破施工单位是否建立工程应急预案、在爆破危险区的边界设立警戒哨和警告标志，将爆破信号的意义、警告标志和起爆时间通知当地单位和居民，起爆前督促人畜撤离危险区。

6.3.1.5 检查爆破工程使用的炸药、雷管、导爆管、导爆索、电线、起爆器、量测仪表是否作现场检测，检测合格后方可使用。

6.3.1.6 监理方法应采用跟踪检测。

6.3.2 挖、填方工程施工监理

6.3.2.1 土方开挖前应检查定位放线、排水、弃土场是否符合设计要求；合理安排土方运输车的行走路线。

6.3.2.2 施工过程中应随时观测周围的环境变化，经常测量和校核其平面位置、水平标高和场地坡度、压实度等是否符合设计要求。平面控制桩和水准点也应定期复测和检查，保证符合设计要求。

6.3.2.3 土方回填前应检查是否清除基底的垃圾、树根等杂物，是否抽除坑穴积水、淤泥，是否达到设计基底标高。

6.3.2.4 填方施工过程中应检查每层填筑厚度、含水量控制、最优含水量、压实度或密实度等；填筑厚度及压实遍数应根据土质、压实系数及所用机具确定。

6.3.2.5 填方施工结束后，统一检查标高、边坡坡度、密实度等，应满足 GB 50330 有关规定。

6.3.2.6 监理方法应采用巡视、平行检验、见证，关键部位应采用旁站。

6.3.3 坡面防护工程施工监理

6.3.3.1 砌石护坡

干砌石护坡坡面有涌水现象时，应检查砂砾反滤层及封顶块石的砌护质量。浆砌石护坡应检查浆砌石护坡铺砌厚度、砂砾反滤垫层、伸缩缝等是否符合设计要求。

6.3.3.2 喷浆护坡

各类土质边坡、强风化岩质边坡应检查锚钉和锚杆固定及链接情况是否符合设计要求。

6.3.3.3 植被护坡

6.3.3.3.1 植草护坡，对土质、强风化岩质坡面，应检查坡面整治后的稳定性；对封禁和抚育措施，应检查是否符合要求。

6.3.3.3.2 造林护坡，检查土壤、水肥条件、树木的立地条件能否满足要求；采用造林护坡后，再次检查边坡的稳定性；检查树木品种是不是当地优势品种或适宜引用的优良品种。

6.3.3.4 格构护坡

6.3.3.4.1 砌筑片石骨架前，按设计要求检查是否在每条骨架的起讫点放控制桩，挂线放样，然后开挖骨架沟槽，其尺寸应根据骨架尺寸而定。

6.3.3.4.2 按设计要求检查平整坡面，清除坡面危石、松土、填补坑凹，并保证坡面密实，无表层溜滑体和蠕滑体等不稳定地质体。

6.3.3.4.3 检查浆砌块石格构是否嵌置于边坡中，嵌置深度应大于截面高度的2/3，表面与坡面齐平，其底部、顶部和两端均应做镶边加固，并按设计修筑养护阶梯。

6.3.3.4.4 砌筑骨架时应先砌衔接处，再砌筑其他部分，检查两骨架衔接处是否处在同一高度。施工时应自下而上逐条砌筑骨架，骨架应与边坡密贴，骨架流水面应与后续回土种植草皮表面保持平顺。

6.3.3.4.5 在骨架底部及顶部和两侧范围内，检查是否用水泥砂浆砌筑片石镶边加固。

6.3.3.4.6 检查是否设置变形缝、是否填塞沥青麻筋或沥青木板等。

6.3.3.4.7 现浇钢筋混凝土格构护坡应检查钢筋混凝土格构是否嵌置于边坡中，钢筋混凝土格构护坡坡面是否平整，无坡面溜滑体、蠕滑体和松动岩块；检查格构表面平整度（凹凸差）是否在允许偏差范围内。

6.3.3.5 监理方法应采用巡视、平行检验、见证、旁站。

6.3.4 供排水工程施工监理

6.3.4.1 地表排水

6.3.4.1.1 地表排水工程施工，检查是否按设计要求选定位置，确定轴线；是否按图纸尺寸、高程确定开挖基础范围并准确放出基脚大样尺寸，进行土方开挖与沟体砌（浇）筑。

6.3.4.1.2 开挖排水工程时，检查淤泥质土、软黏土、淤泥等松软土层是否被挖除。

6.3.4.2 地下排水

6.3.4.2.1 支撑盲沟施工时，检查开挖基础是否置于软弱面下的稳定地基上。

6.3.4.2.2 支撑盲沟基础砌筑时，检查是否设置牙石凸榫；检查沟壁砂砾石反滤层厚度是否达到设计要求。

6.3.4.3 供水工程

水井工程应按 GB 50296 的规定执行；生活饮用水应满足 GB 5749 及 GB/T 14848 的规定；生活饮用水检验应按 GB/T 5750.1～5750.13 的规定执行；生物养护用的供水工程应满足设计要求。

6.3.4.4 监理方法应采用巡视、平行检验、见证。

6.3.5 混凝土施工监理

6.3.5.1 混凝土浇筑应保证混凝土的均匀性和密实性；检查配合比是否符合设计及 GB 50203、GB 50204 中的有关要求。

6.3.5.2 混凝土浇筑后，在混凝土初凝前和终凝前，检查是否对混凝土裸露表面进行抹面处理、是否及时进行保湿养护。

6.3.5.3 监理方法应采用巡视、平行检验、见证、跟踪，对隐蔽工程要进行拍照和录像。

6.3.6 挡土墙施工监理

6.3.6.1 应检查挡土墙的各部位尺寸、形状是否达到设计要求；检查埋置深度、基坑的开挖尺寸是否满足基础施工及 GB 50021 的有关要求。

6.3.6.2 检查挡土墙外面线是否顺直整齐、逐层收坡，内面线是否大致顺直；应保证砌体各部位尺寸符合设计要求，砌筑中应经常校正线杆，避免误差。

6.3.6.3 检查是否设置沉降缝和伸缩缝。沉降缝、伸缩缝的缝宽应整齐一致、上下贯通；当墙身为圬工砌体时，缝的两侧应选用平整石料砌筑，使其形成竖直通缝。

6.3.6.4 检查沉降缝、伸缩缝是否用沥青麻絮、沥青竹绒、涂以沥青的木板或刨花板、塑料泡沫、渗滤土工织物等具有弹性的材料填塞。

6.3.6.5 监理方法应采用巡视、平行检验、见证、旁站、跟踪，对隐蔽工程要进行拍照和录像。

6.3.7 简易桥涵工程施工监理

6.3.7.1 检查涵洞（基础和墙身）沉降缝处两端面是否竖直、平整，上下不得交错，填缝料应具有弹性和不透水性，检查是否填塞紧密。

6.3.7.2 浆砌片石铺砌护坡和河床时，检查片石是否满足有关规定，锥坡、护坡和河床铺砌层等工程是否满足设计要求，沉降缝宽度是否按设计要求设置，石块是否相互咬接，砌缝砂浆是否饱满。

6.3.7.3 干砌片石铺砌护坡和河床时，检查片石是否满足有关规定，检查铺砌是否紧密、稳定、表面平顺，不应用小石块塞垫或找平。

6.3.7.4 防护工程采用石笼时，检查其形状及尺寸是否适应水流及河床的实际情况，泥石流防护工程应符合 DZ/T 0239 的有关要求。笼内填充料一般用片石和大卵石，检查石料的尺寸是否大于笼网孔眼、笼内石料是否塞紧、装满，笼网应锁口牢固，石笼应铺放整齐，笼与笼间的空隙应用石块填满。

6.3.7.5 监理方法应采取巡视、平行检验、见证，对隐蔽工程要进行拍照和录像。

6.3.8 锚杆（索）施工监理

6.3.8.1 应检验锚杆（索）的制作工艺和张拉锁定方法与设备；应检查原材料的品种、质量和规格型号，以及相应的检验报告。

6.3.8.2 钻孔机械应考虑钻孔通过的岩土类型、成孔条件、锚固类型、锚杆长度、施工现场环境、地形条件、经济性和施工速度等因素进行选择，能满足施工要求。

6.3.8.3 锚杆（索）杆体在入孔前应清洗、除锈、除油，平直；支架设置合理。

6.3.8.4 砂浆配合比、砂浆强度、锚孔定位偏差、锚孔偏斜度、钻孔深度符合设计要求。

6.3.8.5 承压板安装平整、牢固，承压面应与锚孔轴线垂直；承压板底部的混凝土应填充密实。

6.3.8.6 浆体强度检验用试块的数量应满足要求，并查看检验报告。

6.3.8.7 监理方法应采用巡视、平行检验、见证，对隐蔽工程要进行拍照和录像。

6.3.9 抗滑桩工程施工监理

6.3.9.1 检查抗滑桩施工是否包含以下工序：施工准备、测量放线、桩孔开挖、地下水处理、护壁及钢筋笼制作与安装、混凝土灌注与养护等。

6.3.9.2 检查选用材料的型号、规格是否符合设计要求、是否有产品合格证和质检单。

6.3.9.3 检查钢筋是否专门建库堆放，避免污染和锈蚀。

6.3.9.4 检查人工开挖桩孔尺寸是否符合要求；孔内渗水量过大时，检查是否采取强行排水、降低地下水位措施。

6.3.9.5 检查钢筋笼的制作是否符合要求；检查竖筋的接头是否采用双面搭接焊、对焊或冷挤压，接头点是否错开，竖筋的搭接处不得放在土石分界和滑动面（带）处。

6.3.9.6 桩身混凝土灌注过程中，检查是否取样做混凝土试块。

6.3.9.7 检查对出露地表的抗滑桩是否按有关规定进行养护。

6.3.9.8 检查配合比是否按计算和试验综合确定。

6.3.9.9 检查孔口是否设置围栏，升降设备应由专人操作。

6.3.9.10 检查抗滑桩施工监测是否与施工同步进行，当滑坡出现险情，并危及施工人员安全时，应及时通知人员撤离。

6.3.9.11 抗滑桩属于隐蔽工程，施工过程中，应对滑带的位置、厚度等各种施工记录进行重点检查；对发生的故障及其处理情况进行检查。

6.3.9.12 监理方法应满足 DZ/T 0222 的规定，采用跟踪、旁站、见证，对隐蔽工程要进行拍照和录像。

6.3.10 灌浆工程施工监理

6.3.10.1 检查灌浆施工前是否准备充足的灌浆材料。

6.3.10.2 检查灌浆所用土料和浆液是否进行试验。土料成分、性质和浆液性能应满足设计要求。

6.3.10.3 检查主要灌浆机具如泥浆泵、注浆管及输浆管等是否能满足要求；检查灌浆所用的电源或其他动力是否有充分保证，必要时应有备用动力。

6.3.10.4 检查灌浆量及灌浆压力是否符合设计要求；检查钻孔记录是否完整，重点检查钻孔过程中发现特殊情况时，是否有详细记录和描述，是否及时分析和处理。

6.3.10.5 监理方法应采用巡视、平行检验、见证，对隐蔽工程要进行拍照和录像。

6.3.11 防护网工程施工监理

6.3.11.1 检查防护网是否符合国家相关标准、是否有合格证。

6.3.11.2 检查拉锚绳固定是否符合设计要求。

6.3.11.3 被动网检查立柱基础和斜拉铆基础是否满足要求；主动网分别检查锚固段深度和系统锚杆的布设及抗拔强度、点锚深度及加固措施、注浆量是否满足要求。

6.3.11.4 监理方法应采用巡视、平行检验、见证。

6.3.12 拦渣坝工程施工监理

6.3.12.1 在施工之前应根据平面图上的控制坐标及剖面图的设计线等进行放线定位检查，根据现场实际情况核实是否符合 GB 50026 的有关要求。

6.3.12.2 坑槽开挖揭露地层如与设计存在差异或变化，应及时通知勘查、设计进行坑槽现场查验，必要时应调整变更设计或经特殊处理后满足设计要求。

6.3.12.3 浆砌石砌筑时，检查是否平整、稳定、密实，上下层是否错缝砌筑，检查选料、水平和竖缝宽度是否符合设计要求。

6.3.12.4　检查混凝土砌石体砌筑的平缝是否铺料均匀、大骨料缝间是否填充密实。

6.3.12.5　检查泄水孔的布设位置、尺寸、形状、斜率及材料是否符合设计要求；检查泄水孔是否畅通。

6.3.12.6　监理方法应采用巡视、平行检验、见证，对隐蔽工程要进行拍照和录像。

6.3.13　土地资源破坏修复工程施工监理

6.3.13.1　适用于采矿生产建设活动产生的废弃土地和土壤污染修复工程，包括煤矿、金属矿、非金属矿、砂矿等露天采矿场、最终采掘带沟道、截水沟、采矿沉陷区、废石场、排土场以及其他工业废弃物堆场等各类矿山场地的土地恢复；对土地复垦工程，应按照 TD/T 1012、TD/T 1031 的有关规定执行。

6.3.13.2　检查修复场地背景资料，修复场利用方向设计论证资料是否齐全。

6.3.13.3　检查修复后场地及边坡稳定性是否符合设计要求。

6.3.13.4　检查用作修复场的覆盖材料是否符合设计要求。

6.3.13.5　检查覆盖后的修复场地是否规范、平整，满足恢复利用要求。

6.3.13.6　检查修复场地是否有满足要求的排水设施，防洪标准是否符合当地要求，修复场地是否有控制水土流失的措施。

6.3.13.7　废弃露天采矿场修复，应检查覆土厚度是否符合要求、边坡是否稳定，是否有控制水土流失措施，边坡植被保护是否符合设计。

6.3.13.8　露采场用于建筑时修复应按以下规定执行：

　　a）检查是否存在滑坡、断层、岩溶等不良地质条件，主体建筑参数（地基承载力、变形和稳定性指标）是否合理；

　　b）检查用于建筑的边坡坡度值是否符合设计和规范要求；

　　c）检查排水管网布置是否合理，建筑地基标高是否满足防洪要求。

6.3.13.9　废石场、排土场修复应按以下规定执行：

　　a）检验经过整治的废石场或排土场的平台、边坡、覆盖土层厚度；

　　b）检验覆盖土层的压实度；

　　c）检查是否有满足场地要求的排水设施、保持水肥的边坡措施。

6.3.13.10　沉陷场地修复应按以下规定执行：

　　a）用废石（含矸石）充填沉陷场地时，根据修复场地用途，检测充填压实后场地是否稳定、废石是否含有害成分及处置情况；

　　b）用矿山废弃物充填（包括废渣、尾矿、炉渣、粉煤灰等充填）时，检查是否进行卫生安全土地填筑处置，评估充填后场地稳定性，检查是否有按设计防止填充物中有害成分污染地下水和土壤的防治措施；

　　c）高潜水位沉陷场地，集中开挖建设水库、蓄水池、鱼塘和人工湖等，检查是否按设计执行；

　　d）低潜水位沉陷场地，对局部沉陷地填平补齐，土地进行平整，检查平整标高是否按设计执行。

6.3.13.11　土地污染修复应按以下规定执行：

　　a）修复方法是否可行，是否经过有关行政主管部门批准；

　　b）检查修复工程是否符合设计，检查修复效果是否符合 GB 15618 的规定，检查是否有防止有害成分污染地下水和土壤的防治措施；

c）必要时应对室内修复试验、野外修复试验进行检查。

6.3.13.12　监理方法应采用巡视、平行检验、见证，对隐蔽工程要进行拍照和录像。

6.3.14　生物工程施工监理

6.3.14.1　选择的苗木品种纯正、生长健壮，规格符合设计要求。

6.3.14.2　检查土壤环境恢复工程实施过程是否按照施工工序执行。

6.3.14.3　检测植被恢复，检查灌木种植密度、乔木种植密度、规格大小、生态效益和景观效益是否达到设计要求。

6.3.14.4　种植或播种前应对土壤的理化性质进行化验分析，采取相应的消毒、施肥和客土等措施，均应满足设计要求。

6.3.14.5　检查苗木种植的株距、位置、成活率、养护措施是否符合设计要求。

6.3.14.6　植树树种参照 GB/T 15776 的要求，种植密度符合 GB/T 16453.1、GB/T 16453.2、GB/T 16453.3的要求。

6.3.14.7　检查排土场、废渣场、矸石山等坡面是否采取乔灌草结合植被恢复措施，检查绿化树种是否抗污染、耐贫瘠、耐旱、耐寒、抗病虫害等。

6.3.14.8　监理方法应采用巡视、平行检验、见证。

6.3.15　检验测试及试验监理

6.3.15.1　检查石材、钢筋（钢丝）、水泥、砂石等原材料是否进行抽检复验，检验数量和质量必须符合设计要求和国家规范。

6.3.15.2　检测砌筑砂浆强度等级和混凝土强度等级及工程自身强度是否符合设计要求，并进行取样试验。

6.3.15.3　检测挡土墙的断面尺寸、地基基础、沉降缝（伸缩缝）是否符合设计要求，检测回填材料、密实度、地基承载力等是否符合行业标准和国家规范。

6.3.15.4　检测抗滑桩孔径、孔深和垂直度是否符合设计要求，钢筋布置、绑扎、焊接和搭接是否符合 JGJ 94 及相关行业、国家规范要求，抗滑桩桩身质量、检测数量是否满足 JGJ 106 的要求。

6.3.15.5　检测锚杆（索）的锚孔位置、锚孔直径、倾斜角度、锚杆长度、锚固长度、张拉荷载和锁定荷载是否符合设计要求，钢绞线强度、配置和锚具是否符合行业标准和国家规范。

6.3.15.6　检测同一类型及强度等级的砂浆试块抗压强度是否满足规范及设计要求，锚索承载力检验数量、砂浆试块数量及砌筑砂浆的验收批次是否符合设计要求。

6.3.15.7　检查混凝土配合比是否符合要求；检查注浆效果检测资料是否齐全，并符合设计要求。

6.3.15.8　检查植被品种、规格、成活率是否符合设计要求。

6.3.15.9　检查削坡工程范围或平面位置是否符合设计要求，检查坡面坡度和平整度是否符合设计要求。

6.3.15.10　监理方法应采用平行检验、见证。

6.3.16　监测工程监理

6.3.16.1　施工监测包括施工安全监测、施工工程稳定性监测、防治效果监测和动态长期监测。应以施工安全监测和防治效果监测为主，所布网点应可供长期监测利用。在施工期间，监测结果应作为判断滑坡等地质灾害的稳定状态、指导施工、反馈设计和防治效果检验的重要依据。

6.3.16.2　检查崩塌、滑坡、泥石流的监测内容、监测方法、监测频率、监测点网的布设和资料整理、预警预报等是否符合 DZ/T 0221、DZ/T 0287 的规定和设计要求。

6.3.16.3　检查含水层结构、地下水动态的监测内容、监测方法、监测频率、监测点网的布设和资料整理是否符合 DZ/T 0133、CJJ 76 的规定。

6.3.16.4 检查滑坡防治工程的综合立体监测网、简易或长期监测点是否符合设计和 DZ/T 0221 、DZ/T 0219 的要求。

6.3.16.5 检查滑坡监测方法、仪器，是否满足以下原则：

  a）仪器的可靠性和稳定性好，仪器的灵敏度高；

  b）仪器有能与滑坡体变形相适应的足够的量测精度；

  c）仪器具有防风、防雨、防潮、防震、防雷、防腐等与环境相适应的性能。

6.3.16.6 监理方法应采用巡视、平行检验、见证。

6.3.17 含水层系统破坏修复工程监理

6.3.17.1 地下水污染修复方法主要有原位修复、异位修复、监测自然衰减技术修复。

6.3.17.2 检查修复方法、修复范围、修复过程监测、效果检验等有关的成果资料是否达到设计要求。

6.3.17.3 检查地下水含水层监测工程布置的合理性、监测效果检验等有关的成果资料是否达到设计要求。

6.3.17.4 对含水层结构破坏修复（含水层再造）工程，应检查是否进行了二次风险污染评估。

6.3.17.5 对修复引起含水层结构变化的工程，应检查监测工程方案是否合理可行，对修复后的变形监测情况进行评估。对防治地下水位下降的工程措施及效果进行评估。

6.3.17.6 检查评估与修复的取样与监测是否满足设计要求。

6.3.17.7 监理方法应采用巡视、平行检验、旁站，对隐蔽工程或工程重要部位要进行拍照和录像。

6.4 工作制度

6.4.1 原材料检验制度

  进场的原材料、构配件和工程设备必须有出厂合格证明和技术说明书，经施工单位自检合格后，方可报监理机构检验。不合格的材料、构配件和工程设备必须按监理指示，在规定时限内运离工地或进行相应处理。

6.4.2 工程质量检验制度

  施工单位每完成一道工序或一个单元工程，都应经过自检，合格后方可报监理机构进行复核检验。上道工序或上一单元工程未经复核检验或复核检验不合格，不得进行下道工序或下一单元工程施工。

6.4.3 会议制度

  监理机构应建立会议制度，包括监理例会和监理专题会议，工程有关各方应派员参加。总监理工程师应组织编写由监理机构主持召开的会议纪要，经与会各方代表会签后，分发至与会各方。

6.4.4 工作报告制度

  监理机构应及时向发包单位提交监理月报或监理专题报告；在工程验收时，提交监理工作报告；在监理工作结束后，提交监理工作总结报告。

6.4.5 工程验收制度

  在施工单位提交验收申请后，监理机构应对其是否具备验收条件进行审核，并根据国土资源行政管理部门归档或合同约定的其他标准，参与、协助工程验收。

7 施工准备阶段的监理

7.1 监理机构的工作准备

7.1.1 依据监理合同约定，适时设立现场监理机构，配置专业监理人员，并进行岗前培训。

7.1.2 收集有关工程建设资料，包括：法律、法规、规章和技术标准，设计文件、合同文件及其他相关文件和资料。对合同文件的差错、遗漏、缺陷等问题进行记录。

7.1.3 配置场内交通、办公设备；及时配置检验测试设备及测量仪器。

7.1.4 熟悉工程合同文件、施工图、合同工期，根据监理合同文件和工程条件，组织编制监理规划（主要内容见附录A）和监理实施细则（主要内容见附录B），结合监理项目过程开展情况，明确监理工作的重点部位及监理方法。

7.2 施工准备的监理

7.2.1 开工前应检查下列施工条件能否满足要求：

a）测量基准点的设置与移交情况符合施工图纸要求；

b）施工占地、临时用地、施工道路、供电、供水、通信等条件；

c）首次工程预付款。

7.2.2 检查开工前施工单位是否具备下列施工准备条件：

a）施工单位派驻现场的主要管理、技术人员数量及资格应与工程施工合同文件一致，如有变化，应重新审查并报发包单位认定，设计文件和施工图纸文件应完成并提交给监理机构；

b）施工单位进场施工设备的数量、规格和性能应符合工程施工合同约定要求；

c）进场原材料、构配件的质量、规格、性能符合有关技术标准和技术条款的要求，原材料的储存量满足工程开工及随后施工的需要；

d）施工单位对测量基准点复核情况，督促施工单位在此基础上完成施工测量控制网的布设及施工区原始地形图的测绘；

e）按照施工规范要求完成各种施工工艺参数的试验；

f）施工单位的质量体系建立、质量专门管理机构设置、主要作业人员的岗前培训和业务考核情况等；

g）施工单位的施工安全、环境保护措施、规章制度的制定及关键岗位施工人员资格。

7.2.3 审核施工单位在施工准备完成后递交的工程开工申请报告。

7.2.4 施工图纸的核查与签发应符合下列规定：

a）监理机构收到施工图纸后，应在合同约定的时间内完成核查或审批工作，确认后转发施工单位；

b）监理机构应在约定时间内，主持召开施工图纸技术交底会议，并由设计单位进行技术交底；

c）检查施工组织设计是否科学合理。

8 施工实施阶段的监理

8.1 开工

8.1.1 施工单位完成开工准备后，应向监理机构提交开工申请。监理机构经检查，确认施工准备满足开工条件后，签发开工令。

8.1.2 由于施工单位原因使工程未能按合同约定时间开工的，监理机构应通知施工单位，在约定时间内提交赶工措施报告，并说明延误开工原因。

8.1.3 在开工前，凡需要进行地形测量或地质编录的项目，需提前完成。

8.1.4 施工单位提交开工申请后，因抽查或联合检验不合格，造成开工延误以及由此造成的损失，由施工单位承担全部责任。

8.2 工程质量控制

8.2.1 监理机构在工程项目开工前，应结合监理质量体系完成质量控制措施的制定，通过对监理工程项目特点、施工条件和影响工程质量因素的分析与控制措施的研究，提出工程质量控制流程，完善监理细则的编制，并在监理过程中贯彻和落实。

8.2.2 监理机构应监督施工单位建立和健全质量保证体系，并监督其贯彻执行。监理机构对所有施工质量活动及与质量活动相关的人员、材料、工程设备和施工设备、施工工法、施工环境进行监督和控制，按照事前审批、事中监督和事后检验等监理工作环节控制工程质量。

8.2.3 监理机构应按有关规定及工程施工合同约定，核查施工单位现场、设施、人员、技术条件等情况。监理机构应着重审查施工方案、程序和工艺对工程质量的影响，并在通过审查后督促施工单位落实。

8.2.4 监理机构应检查测量布网及其他临时设施是否满足开工要求；监督施工管理、施工安全、施工环境保护和质量保证措施的落实。

8.2.5 监理机构应对施工单位从事施工、安全、质检、材料和施工设备操作等持证上岗人员的资格进行验证和认可。对不称职或违章、违规人员，可要求施工单位暂停或禁止其在本工程中工作。

8.2.6 对于工程中使用的材料、构配件，监理机构应监督施工单位按有关规定和合同约定进行检验，并应查验材质证明和产品合格证。

8.2.7 材料、构配件和工程设备未经检验，不得使用；经检验不合格的材料、构配件和工程设备，应督促施工单位及时运离工地或做出相应处理。必要时，监理机构应进行平行检测。

8.2.8 监理机构在工程质量控制过程中发现施工单位使用了不合格的材料、构配件和工程设备时，应指示施工单位立即整改。

8.2.9 旧施工设备进入工地前，施工单位应提供该设备的使用和检修记录，以及具有设备鉴定资格的机构出具的检修合格证，经监理机构认可，方可进场。

8.2.10 监理机构应审批施工单位制定的施工控制网和原始地形图的施测方案，并对施工单位施测过程进行监督，对测量成果进行签认，或参加联合测量，共同签认测量结果。监理机构应对施工单位在工程开工前实施的施工放线测量进行抽样复测或与施工单位进行联合测量。

8.2.11 监理机构对施工单位经自检合格后报验的工程（或工序）质量，应按有关技术标准和施工合同约定的要求进行检验，检验合格后方予签认。

8.2.12 监理机构可采用跟踪检测、平行检测等方法对施工单位的检验结果进行复核。平行检测的检测数量，混凝土试样不应少于施工单位检测数量的3%，重要部位每种标号的混凝土最少取样1组；土方试样不应少于施工单位检测数量的5%，重要部位至少取样3组。跟踪检测的检测数量，混凝土试样不应少于施工单位检测数量的7%；土方试样不应少于施工单位检测数量的10%。平行检测和跟踪检测工作都应由具有相应资质条件的检测机构承担。

8.2.13 工程完工后需覆盖的隐蔽工程、工程的隐蔽部位，应经监理机构及设计单位验收合格后方可覆盖。监理单位的实测记录、检验记录应符合相关规范要求。

8.2.14 施工单位按工程施工合同约定，对工程所有部位和工程使用的材料、构配件和工程设备的质量进行自检，并按规定向监理机构提交相关资料。监理机构可以采用进入现场、制造加工点察看、查阅施工记录、进行现场取样试验、工程复核测量的方式进行检查。监理机构发现由于施工单位使用的材料、构配件、工程设备以及施工设备或其他原因可能导致工程质量不合格或造成质量事故时，应要求施工单位立即采取措施纠正，必要时，责令其停工整改。

8.2.15 监理机构应监督施工单位真实、齐全、完善、规范地填写质量评定表。施工单位应按规定对工序、分部工程的质量等级进行自评。监理机构应对施工单位的工程质量等级自评结果进行复核，并按规定参与工程项目外观质量和工程项目施工质量评定工作。

8.2.16 质量事故发生后，施工单位应按规定及时提交事故报告；监理机构在向发包单位报告的同时，指示施工单位及时采取必要的应急措施并保护现场，做好相应记录。

8.2.17 在施工过程中发现了质量缺陷，应及时进行处理。缺陷处理监理主要工作程序参见附录C。

8.3 工程进度控制

8.3.1 工程施工阶段，监理机构应审查施工单位报送的施工进度计划，对工程进展及进度实施过程进行控制；按合同文件规定受理施工单位申请的工程延期申请；向发包单位提供关于施工进度的建议及分析报告。

8.3.2 工程项目的施工总进度计划应在项目开工前由施工单位随同施工组织设计一并报送或专门报送，其主要内容应包括：申请开工的项目、主要生产机械台班或生产定额、主要工序的循环时间、进度网络图及节点目标、工程设备安装时间、主要材料消耗定额、施工资源投入情况、进度计划控制措施、资金使用计划及其他需要说明的内容等。

8.3.3 监理机构应编制描述实际施工进度状况和用于进度控制的各类图表，及时进行进度分析；督促施工单位按照工程合同规定的期限，向监理机构递交当月、季、年施工进度报告，其主要内容应包括：实施或完成项目的主要工程量、资源配置及消耗情况、进度、工期对比、下一步的计划措施、质量与安全事项、水文气象资料与其他需要说明的内容等。

8.3.4 监理机构应做好实际工程进度记录以及施工单位每日的施工设备、人员、原材料的进场记录，并审核施工单位的同期记录。

8.3.5 监理机构应对施工进度计划的实施全过程，包括施工准备、施工条件和进度计划的实施情况，进行定期检查，对实际施工进度进行分析和评价，对关键路线的进度实施重点跟踪检查。

8.3.6 监理机构在检查中发现实际工程进度与施工进度计划发生了实质性偏离时，应要求施工单位及时调整施工进度计划。

8.3.7 施工单位未按照批准的施工组织设计或工法施工，并且可能会出现工程质量问题或造成安全事故隐患时，监理机构应下达暂停施工通知。

8.3.8 在具备复工条件后，监理机构应及时签发复工通知，明确复工范围，并督促施工单位执行。

8.4 工程投资控制

8.4.1 监理机构应根据批准的工程施工控制性进度计划及其分解目标计划，协助发包单位编制工程项目合同支付资金计划；对工程变更、工期调整申报的经济合理性进行审议并提出审议意见；依据工程施工合同文件规定受理合同支付审核与结算签证。

8.4.2 经监理机构签认，质量检验合格，且符合合同约定或发包单位同意的工程变更项目的工程量，监理机构应会同施工单位共同进行工程计量；或监督施工单位的计量过程，确认计量结果；或依据工程施工合同约定进行抽样复核。

8.4.3 依据工程施工合同文件及其技术条件和经监理机构审签的有效设计文件进行。只有按设计图纸及技术要求完成，质量检验合格，按合同文件规定应给予计量支付的工作项目，监理机构才可以进行工程计量和办理工程款。

8.4.4 监理机构在收到施工单位的工程预付款申请后，应审核施工单位获得工程预付款已具备的条件。条件具备、额度准确时，可签发工程预付款付款证书。

8.4.5 当工程质量保证期满之后，监理机构应签发剩余的质量保证金付款证书。

8.5 施工安全与环境保护

8.5.1 监理机构的安全监督。监理机构应根据工程监理合同文件规定，建立施工安全监理制度，制定施工安全控制措施。

8.5.2 施工单位的安全保障。工程项目开工前，监理机构应要求施工单位按照合同文件规定，建立健全施工安全机构的施工安全保障体系，全面落实施工过程的安全检查、指导管理，及时向相关单位反馈施工作业过程中的安全事项。

8.5.3 施工过程的安全监督。在施工过程中，监理机构应对施工单位执行施工安全法律、法规和工程建设强制性标准以及施工安全措施的情况进行监督、检查。发现不安全因素和安全隐患时，应指示施工单位采取有效措施予以整改；若施工单位延误或拒绝整改，监理机构可责令其停工。当监理机构发现存在重大安全隐患时，应立即指示施工单位停工，做好防患措施，并及时向发包单位报告；如有必要，应向当地政府有关主管部门报告。

8.5.4 汛期施工的安全保障。每年汛前，监理机构应协助发包单位审查设计单位制定的防洪度汛预案和施工单位编写的防洪度汛方案或措施，协助发包单位组织安全度汛大检查，并根据需要定期或不定期进行防汛值班检查；协助施工单位做好安全度汛与防灾工作。

8.5.5 边坡施工的安全与环境保护。监理机构应要求施工单位，对开挖的边坡采取及时有效的措施进行支护，并做好排水措施；尽量避免对植被的破坏，对受到破坏的植被及时采取措施进行恢复。

8.5.6 施工弃渣的安全与环境保护。监理机构应监督施工单位严格按照批准的弃渣规划有序地堆放、处理和利用废渣，防止任意弃渣造成环境污染。

8.5.7 施工中的环境保护。监理机构应监督施工单位严格执行有关规定，加强对噪声、粉尘、废水的控制，并按工程施工合同约定进行处理。

8.6 合同管理的其他工作

8.6.1 设计单位对原设计存在缺陷提出的变更，应编制设计变更文件；工程发包单位或施工单位提出的变更，应提交总监理工程师，由总监理工程师组织专业监理工程师审查，审查同意后，应由发包单位转交原设计单位编制设计变更文件。

8.6.2 在工程设计变更批复之前，施工单位不得实施工程变更。

8.6.3 未经国土资源行政主管部门审查同意而实施的工程变更，监理机构不得予以计量工程量。

8.6.4 对于施工单位违约，在书面警告的规定时限内，施工单位仍不采取有效措施纠正其违约行为或继续违约的，如严重影响工程质量、进度，甚至危及工程安全时，监理机构应限令其停工整改，并要求施工单位在规定时限内提交整改报告。

8.6.5 在施工单位提出解除工程施工合同要求后，监理机构应协助发包单位尽快进行调查、认证和澄清工作，并在此基础上，按有关规定和约定处理有关合同事宜。

8.6.6 合同解除。监理机构在收到工程合同解除的书面通知或要求后，应认真分析合同解除的原因、责任和由此产生的后果，并按合同约定处理合同解除和解除后的有关事宜。

8.6.7 争议解决。在争议解决期间，监理机构应督促发包单位和施工单位，按监理机构就争议问题做出的暂时决定，履行各自的职责；并明示双方，根据有关法律、法规或规定，任何一方不得以争议解决未果为借口，拒绝或拖延按工程施工合同约定应进行的工作。

8.6.8 清场与撤离。监理机构应依据有关规定或工程施工合同约定，在签发工程移交证书前或在保修期满前，监督施工单位完成施工场地的清理，做好环境恢复工作。

8.7 工程信息管理

8.7.1 工程信息的载体与传递方式应在工程施工合同中有明确规定，重要的工程信息必须形成书面文件。工程文件应按发包单位文件、设计文件、施工文件和监理文件进行划分，做好分类管理。

8.7.2 制定包括文档资料收集、分类、整编、归档、保管、传阅、查阅、复制、移交、保密等的制度。

8.7.3 监理文件必须为书面文件，并按规定程序起草、打印、校核、签发；监理文件应表述明确、数字准确、简明扼要、用语规范、引用依据恰当。

8.7.4 监理人员应及时、认真地按照规定格式与内容填写好监理日志。总监理工程师应定期检查。

8.7.5 在监理服务期满后，监理机构应向发包单位、监理单位提交项目监理工作总结报告；对应由监理机构负责归档的工程资料档案逐项清点、整编、登记造册，向发包单位移交。

8.8 监理协调

8.8.1 工程项目施工过程中，监理机构应运用监理协调权限，及时解决施工中各方、各标段之间的矛盾，及时解决施工进度、工程质量与合同支付之间的矛盾，及时解决工程施工合同双方应承担的义务与责任之间的矛盾。

8.8.2 监理机构应努力运用协调手段，及时解决或努力减少施工过程和合同履行过程中的矛盾与纠纷。

8.8.3 监理机构在召开协调会议时，应有专人进行会议记录，参加会议的工程参建各方均应签名。会议结束，监理机构应指定责任人对会议记录进行检查与审核。

8.9 工程验收

8.9.1 工程首先进行初步验收，在初步验收通过的基础上进行竣工验收。初步验收和竣工验收一般要求对工程进行抽样复查或复验。

8.9.2 竣工验收应在工程完建后 6～12 个月内进行。如果确有困难，由施工单位申报，经发包单位同意，也可适当延长。

8.9.3 施工单位至少应按工程施工合同规定的提前天数申请验收，并做好完建工程分项、分部工程质量检验签证，工程资料搜集整理和各项验收准备工作。

8.9.4 验收通过后及时签发工程移交证书。

8.9.5 在初步验收前，监理机构应督促施工单位按时提交竣工报告和相关资料（相关表格见附录 E.2、E.3、E.4），并进行审核，指示施工单位对报告和资料中存在的问题进行补充、修正。初步验收，应对已完建工程项目重点检查其完建工程形象和施工质量以及是否达到验收条件，对验收工程项目是否具备交工条件或投入运行作出结论。

8.9.6 验收报告内容：①工程项目质量检验签证；②待验收工程项目的竣工报告；③待验收工程的主要设计文件和图纸，以及设计文件和图纸清单；④已完工程项目清单；⑤质量事故及重要质量缺陷处理和处理后的检查记录；⑥施工大事记及施工作业原始记录资料；⑦发包单位指示或监理机构要求报送的资料。

8.9.7 监理工作报告内容：①监理项目概况；②工程监理综述（包括监理机构、工程程序、工作方法、监理效果等）；③工程质量监理过程（包括项目划分，监理过程控制，质量检测、质量事故处理，以及单位、分部工程的质量检查与检验情况等）；④工程进展（包括完成工程量情况和工程形象，后续工程施工对验收的影响等）；⑤工程评价意见（包括工程质量评价、工程进展及运行条件评价）；⑥监理管理表（见附录 E.1）及其他需要说明或报告事项。

8.9.8 根据初步验收中提出的遗留问题处理意见，监理机构应督促施工单位及时进行处理，以满足竣工验收的要求。

8.9.9 当合同工程项目全部完建，并具备竣工验收条件后，施工单位应及时向监理机构申报完工验收。并在通过完工验收后限期向发包单位办理工程项目移交手续。

8.9.10 竣工验收要复验初步验收的原始资料；验收资料应符合现行要求，必要时对工程进行复测、复检；听取施工、设计、监理及其他有关单位的工作报告；对工程是否满足施工合同文件规定和设计要求作出全面评价；对合同工程质量等级作出评定；确定工程能否正式移交；确定存在问题、整改意见。

8.9.11 工程通过竣工验收后，监理机构还应督促施工单位，根据工程施工合同文件及国家、部门工程建设管理法规和验收规程的规定，及时整理其他各项必须报送的工程文件以及应保留或拆除的临建工程项目清单等资料，并按发包单位或监理机构的要求，及时向发包单位移交。

8.9.12 工程未通过竣工验收或正式移交前，监理机构应督促施工单位负责管理和维护，直至通过竣工验收。

9 工程质量保证期的监理

9.1 督促施工单位对已完工程项目中所存在的缺陷进行修复。

9.2 督促施工单位按工程施工合同约定的时间和内容向发包单位移交整编好的工程资料。保修期间现场监理机构应适时予以调整，除保留必要的人员和设施外，其他人员和设施可撤离，监测工作可移交发包单位或运行管理单位，确保监测工作正常运行。

附　录　A

（规范性附录）

监理规划的主要内容

A.1　总　则

A.1.1　工程项目基本概况。工程项目的名称、性质、等级、建设地点、自然条件与外部环境；工程项目组成及规模、特点；工程项目建设目的。

A.1.2　工程项目主要目标。工程项目总投资及组成、计划工期（包括项目阶段性目标的计划开工日期和完工日期）、质量目标。

A.1.3　工程项目组织。工程项目主管部门、发包单位、质量监督机构、设计单位、施工单位、监理单位、材料设备供货人的简况。

A.1.4　监理工程范围和内容。发包单位委托监理的工程范围和服务内容等。

A.1.5　监理主要依据。开展监理工作所依据的法律、法规、规章，国家及部门颁发的有关技术标准，批准的工程建设文件，以及有关合同文件、设计文件等的名称、文号等。

A.1.6　监理组织。现场监理机构的组织形式与部门设置，部门分工与协作，主要监理人员的配置和岗位职责等。

A.1.7　监理工作基本程序。

A.1.8　监理工作主要方法和主要制度。制定技术文件审核与审批、工程质量检验、工程计量与付款签证、会议、施工现场紧急情况处理、工作报告、工程验收等方面的监理工作具体方法和制度。

A.1.9　监理人员守则和奖惩制度。

A.2　工程质量控制

A.2.1　质量控制原则。

A.2.2　质量控制目标。根据有关规定和合同文件，明确合同项目各项工作的质量要求和目标。

A.2.3　质量控制内容。根据监理合同，明确监理机构质量控制的主要工作内容和任务。

A.2.4　质量控制措施。明确质量控制程序和质量控制方法，并明确质量控制点、质量控制要点与难点。

A.2.5　明确监理机构所应制定的质量控制制度。

A.3　工程进度控制

A.3.1　进度控制原则。

A.3.2　进度控制目标。根据工程基本资料，建立进度控制目标体系，明确合同项目进度的控制性目标。

A.3.3　进度控制内容。根据监理合同，明确监理机构在施工中进度控制的主要工作内容。

A.3.4　进度控制措施。明确合同项目进度控制程序、控制制度和控制方法。

A.4　工程投资控制

A.4.1　投资控制原则。

A.4.2　投资控制目标。依据工程施工合同，建立投资控制体系。

A.4.3 投资控制内容。依据监理合同，明确投资控制的主要工作内容和任务。

A.4.4 投资控制措施。明确工程计量方法、程序和工程支付程序以及分析方法；明确监理机构所需制定的工程支付与合同管理制度。

A.5 合同管理

A.5.1 变更处理程序和监理工作方法。

A.5.2 违约事件的处理程序和监理工作方法。

A.5.3 争议调解原则、方法与程序。

A.5.4 清场与撤离的监理工作内容。

A.6 协调

A.6.1 明确监理机构协调工作的主要内容。

A.6.2 明确协调工作的原则与方法。

A.7 工程验收与移交

A.7.1 明确监理机构在工程验收中的工作内容。

A.7.2 明确监理机构在工程移交中的工作内容。

A.8 质量保证期监理

A.8.1 明确工程质量保证期的起算、终止和延长的依据和程序。

A.8.2 明确工程质量保证期监理的主要工作内容。

A.9 信息管理

A.9.1 信息管理程序、制度及人员岗位职责。

A.9.2 文档清单及资料归档。

A.9.3 现场记录的内容、职责和审核，现场通知、报告内容和审核。

A.10 监理设施

A.10.1 制定现场交通、通信、试验、办公、食宿等设施设备的使用计划。

A.10.2 制定交通、通信、试验、办公等设施使用的规章制度。

附　录　B

（规范性附录）

监理实施细则的主要内容

B.1　总　则

B.1.1　编制依据。包括工程施工合同文件、设计文件与图纸、监理规划、经监理机构批准的施工组织设计及技术措施（作业指导书），由生产厂家提供的有关材料、构配件和工程设备的使用技术说明，工程设备的安装、调试、检验等技术资料。

B.1.2　适用范围。写明该监理实施细则适用的项目或专业。

B.1.3　人员职责。负责该项目或专业工程的监理人员及职责分工。

B.1.4　适用标准。适用工程范围内使用的全部技术标准、规范、规程的名称、文号。

B.1.5　必要条件。发包单位为该项工程开工和正常进展应提供的必要条件。

B.2　开工审批内容和程序

B.2.1　单位工程、分部工程开工审批程序和申请内容。

B.2.2　关键工程开工审批程序和申请内容。

B.3　质量控制的内容、措施和方法

B.3.1　质量控制标准与方法。根据技术标准、设计要求、合同约定等，具体明确工程质量的质量标准、检验内容以及质量控制措施，明确质量控制点及监理方案等。

B.3.2　材料、构配件和工程设备质量控制。具体明确材料、构配件和工程设备的运输、储存管理要求，报验、签认程序，检验内容与标准。

B.3.3　工程质量检测试验。根据工程施工实际需要，明确监理机构检验的抽样方法或控制点的设置、试验方法、结果分析以及试验报告的管理。

B.3.4　施工过程质量控制。明确施工过程质量控制要点、方法和程序。

B.3.5　工程质量评定程序。根据标准、规程、规范、设计要求等，具体明确质量评定内容与标准，并写明引用文件的名称与章节。

B.3.6　质量缺陷和质量事故处理程序。

B.4　进度控制的内容、措施和方法

B.4.1　进度目标控制体系。该项工程的开工、完工时间，阶段目标或里程碑时间，关键节点时间。

B.4.2　进度计划的表达方法。如横道图、柱状图、网络图、关联图等，应满足合同要求。

B.4.3　施工进度计划的申报。明确进度计划（包括总进度计划、分部工程进度计划、月进度计划等）的申报时间、内容、形式等。

B.4.4　施工进度计划的审批。明确进度计划审批的职责分工、要点、时间等。

B.4.5　施工进度的过程控制。制定进度报告、进度计划修正与赶工措施的审批程序。

B.4.6　停工与复工。明确停工与复工的程序。

B.5 投资控制的内容、措施和方法

B.5.1 投资目标控制体系。投资控制的措施和方法；各年的投资使用计划。

B.5.2 计量与支付。计量与支付的依据、范围和方法；计量申请与付款申请的内容及应提供的资料。

B.5.3 实际工程投资的统计与分析。

B.6 施工安全与环境保护控制措施和方法

B.6.1 监理机构、施工单位应建立的施工安全保证体系。

B.6.2 工程不安全因素分析与预控措施。

B.6.3 环境保护的内容与措施。

B.7 合同管理主要内容

B.7.1 工程变更管理。明确变更处理的监理工作内容与程序。

B.7.2 争议的解决。明确合同双方争议的调解原则、方法与程序。

B.7.3 清场与撤离。明确施工单位清场与撤离的监理工作内容。

B.8 信息管理

B.8.1 编制监理文件格式、目录。制定监理文件分类方法与文件传递程序。

B.8.2 监理日志。制定监理人员填写监理日志制度，拟定监理日志的格式、内容和管理办法。

B.8.3 监理报告。明确监理月报、监理工作报告的内容和提交时间、程序。

B.8.4 会议纪要。明确会议记录要点和发放程序。

B.9 工程验收与移交程序和内容

B.9.1 明确工程初步验收程序与监理工作内容。

B.9.2 明确工程竣工验收程序与监理工作内容。

B.9.3 明确工程移交程序与监理工作内容。

附　录　C
（资料性附录）
缺陷处理监理主要工作程序

缺陷处理监理主要工作程序见图 C.1。

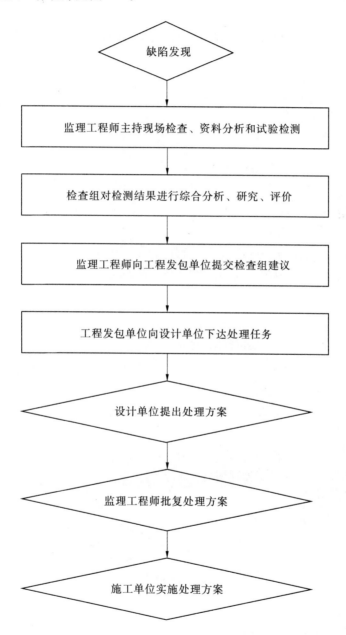

图 C.1　缺陷处理监理主要工作程序

附 录 D

（规范性附录）

监理工作总结报告的主要内容

D.1 监理工程项目概况

包括工程特性、合同目标、监理工作的范围及主要工程的数量、规模、技术指标等。

D.2 监理组织

包括监理机构设置与主要工作人员，监理工作内容、程序、方法，监理设备情况等。

D.3 监理规划

包括监理规划执行、修订情况及其总结评价。

D.4 监理过程

D.4.1 监理合同履行情况论述。

D.4.2 监理工作过程、分部工程监理方法、质量评定情况论述。

D.4.3 关键部位、隐蔽工程监理情况论述。

D.5 监理工作成效

D.5.1 对质量控制的监理工作成效进行综合评价。

D.5.2 对投资控制的监理工作成效进行综合评价。

D.5.3 对施工进度控制的监理工作成效进行综合评价。

D.5.4 对施工安全与环境保护的监理工作成效进行综合评价。

D.6 经验与建议

D.6.1 施工过程中出现的问题及其处理情况。

D.6.2 总结施工经验。

D.6.3 提出施工建议。

D.7 附件

D.7.1 工程建设监理大事记。

D.7.2 其他需要说明或报告事项。

D.7.3 其他应提交的资料和说明事项等。

D.7.4 主要监理人员及其职务、职称情况。

附 录 E

（规范性附录）

施工监理管理表格式

E.1 监理管理表

E.2 施工单位报审表

E.3 工程质量验收与评定表

E.4 检验与试验表

表 E.1　监理日志

工程名称：_____　日期：_____年____月___日　星期____

施工单位：_____

1. 水文气象概况：
2. 施工部位、施工内容、施工形象：
3. 施工质量检验、安全作业情况：
4. 存在问题及处理情况：
5. 施工技术人员、质检人员到位情况：
6. 原材料、设备、机械完好情况：
7. 其他事情：
监理工程师：　　　　　　　　　　　　　监理单位：

说明：必要时请施工单位签字，一式两份，送业主单位一份。

表 E.2　监理工程师现场检查记录

工程名称：＿＿＿＿＿＿＿＿＿＿＿＿＿＿＿＿　合同号：＿＿＿＿＿＿＿＿＿　NO：监＿＿＿＿＿

施工单位		项目负责人	
检查项目		检查部位	

检查情况

应详细填写现场检查的内容、数据记录及质量情况是否满足设计要求等。

监理工程师：＿＿＿＿＿＿＿＿＿　＿＿＿＿年＿＿月＿＿日

审核意见：

监理工程师：＿＿＿＿＿＿＿＿　＿＿＿＿年＿＿月＿＿日

总监理工程师：＿＿＿＿＿＿＿　＿＿＿＿年＿＿月＿＿日

说明：一式三份，送施工单位、发包单位各一份。

表 E.3 监理规划报审表

工程名称：＿＿＿＿＿＿＿＿＿＿＿　　　　　　　　　　编号：＿＿＿＿＿＿＿＿＿＿＿

致：＿＿＿＿＿＿＿＿（发包单位）

现报上＿＿＿＿＿＿＿＿的监理规划（见附件），请予以审查和批准。

监理单位：（公章）

日　　期：　年　月　日

发包单位审批意见	□同意　　□修改后再报　　□不同意　　（以下写出具体意见） 发包单位：（公章） 日　　期：　年　月　日
备注	

说明：一式两份，发包单位审批后，发包单位、监理单位各一份。

表 E.4　停工通知书

施工单位：_____

监理单位：_____

工程名称		合同编号	

致_____:
　　由于_____原因，决定自____年____月____日____时起
工程_____部分暂停施工，特此通知。

施工单位：（公章）

总监理工程师：　　　　　　　　　　　　年　　月　　日

施工单位签收：

施工单位：（公章）

项目经理：　　　　　　　　　　　　　　年　　月　　日

发包单位意见：

发包单位：（公章）

发包单位代表：　　　　　　　　　　　　年　　月　　日

说明：一式三份，送施工单位、发包单位各一份。

表 E.5 设计图纸交底会议纪要

（　　　监理〔20　〕监　　号）

工程名称：_____　合同号：_____　NO：监_____

出席单位	意见及出席会议人员
发包单位	
设计（勘察）单位	
施工单位	
监理单位	
交底会议日期	

注：交底会议内容及纪要，应附报告和图纸会审记录。

表 E.6 工程停工指令

(监理 [20] 停 号)

工程名称：_____ 合同号：_____ NO：监_____

致施工单位：	
由于本指令所述原因，现通知你单位于 年 月 日 时对工程暂停施工。 监理单位：（公章） 监理工程师： 日期：_____年___月___日	
停工范围	
工程暂停原因	□施工单位严重违反合同规定，继续施工将对本工程造成重大损失。 □地质条件变化或新发现。 □违反环境保护法。 □因为文物保护或地质遗迹保护的原因。
停工依据	
附注	□暂停期间，请对已完工程加强维护，直至得到复工许可。 □暂停期间，请抓紧采取整改措施，并及时向监理报送，争取早日复工。 □工程延时和损失费用另行协商。 □

说明：一式三份，送施工单位、发包单位各一份。

表E.7 工程复工指令

工程名称：_____ 合同号：_____ NO：监_____

致施工单位：
 	
    鉴于_____监理［20 ］停_____号停工指令中所述工程暂停的因素已经消除，请你单位于_____年___月___日对_____工程恢复施工。
 	
    请贵部加强现场监督和管理，对各个工作环节严格把关，做到按章作业，文明施工，确保工程的顺利进行。
 	
监理单位：（公章）
监理工程师：
日期：_____年___月___日

复工范围：
复工应作如下工作：

说明：一式三份，送施工单位、发包单位各一份。

表 E.8 工程返工指令

(监理〔20 〕返 号)

工程名称：＿＿＿＿＿＿＿＿＿＿＿＿＿＿＿＿ 合同号：＿＿＿＿＿＿＿＿＿ NO：监＿＿＿＿＿＿＿

致施工单位：	
由于本指令所述原因，现通知贵部对＿＿＿＿＿＿＿＿＿＿＿＿工程按下述要求予以返工，并确保本返工工程质量达到合格标准。 监理单位：（公章） 监理工程师： 日期：＿＿＿＿年＿＿月＿＿日	
返工原因	□质量经检验不合格　　　□未按设计文件要求施工 □设计文件修改　　　　　□属于工程或合同变更 □
返工要求	□拆除　　　□更换材料　　　□修补缺陷 □另行更换合格的施工队伍施工 □由业主指定施工队伍施工 □
附注	□返工所发生的费用由工程施工单位自理 □返工所发生的费用可另行列入支付申报

说明：一式三份，送施工单位、发包单位各一份。

表 E.9　施工单位违约通知书

(监理〔20 〕违 号)

工程名称：_____　　合同号：_____　　NO：监_____

致施工单位： 　　鉴于发生本通知书所确认的行为和事实，已构成施工单位违约。贵单位将承担本通知书所指明的合同责任。 　　特此通知。 　　　　　　　　　　　　　　　　　　　　　监理单位：（公章） 　　　　　　　　　　　　　　　　　　　　　总监理工程师： 　　　　　　　　　　　　　　　　　　　　　日期：_____年___月___日	
违约行为和事实	□转让合同行为　　　　　　　□违反工程承包合同条款"第_____条" □采取贿赂手段损坏业主利益　□无正当理由而拖延施工工期 □无正当理由而未能按时开工　□ □由于施工单位的施工管理问题，使工程质量得不到保证 □使用不合格的工程材料和设备，监理工程师发出纠正指令（或口头）后，_____天内未能采取相应行动 □
施工单位将承担的合同责任	□发包单位将提起合同索赔____万元　　□终止合同并对已完成合同工程进行估价 □发包单位将另行更换施工队伍 □发包单位将从贵部履约金（履约保函）中支取或从下月应付款项中扣抵违约金 □
施工单位签收记录	本签收人代表施工单位签收，并及时转达施工单位法人代表。 　　　　　　　　　　　　　　　　　　　施工单位：（公章） 　　　　　　　　　　　　　　　　　　　项目经理： 　　　　　　　　　　　　　　　　　　　日期：_____年___月___日

说明：一式三份，送施工单位、发包单位各一份。

表 E.10 工程缺陷责任期终止通知书

(监理 [20] 终 号)

工程名称：＿＿＿＿＿＿＿＿＿＿＿＿＿　　合同号：＿＿＿＿＿＿＿＿＿　　NO：监＿＿＿＿＿＿

致施工单位：

　　鉴于本项工程移交证书中列出的未完工程尾工和缺陷，已经于＿＿＿＿＿＿年＿＿月＿＿日以前完工和修补完毕，并由监理单位确认符合工程施工合同文件要求。

　　依据＿＿＿＿＿＿＿＿＿＿＿＿工程移交证书规定，本项工程缺陷责任期12个月，已于＿＿＿＿＿＿年＿＿月＿＿日期满，特此通知。

　　　　　　　　　　　　　　　　　　　监理单位：（公章）

　　　　　　　　　　　　　　　　　　　监理工程师：

　　　　　　　　　　　　　　　　　　　日期：＿＿＿＿＿＿年＿＿月＿＿日

本证书包括的工程	
发包单位意见	发包单位：（公章） 签署人： 日期：＿＿＿＿＿＿年＿＿月＿＿日
附注	

说明：一式三份，发包单位签署后，送施工单位一份。

表 E.11 地质缺陷区新增工程量签证表

施工单位：_____ 合同编号：_____
监理单位：_____ 编　号：_____

单位工程名称		分部工程名称	
单元工程名称		工程部位	
设计图编号		修改通知单编号	
施工时段	自_____年___月___日至_____年___月___日		
地质鉴定：			

工程量	序号	工程项目	单位	施工单位申报量	签名	监理单位确认量	签名
	1						
	2						
	3						
	4						
	5						

单位	意见	签名
承建单位		
监理单位		
设计单位		
发包单位		
日期		_____年___月___日

说明：本表由施工单位报送四份，监理单位签署意见后，监理单位留一份，返回三份备查和存档。

表 E.12　地质与施工缺陷事项联合检验认定表

施工单位：＿＿＿＿＿＿＿＿＿＿＿＿＿＿＿＿＿＿＿＿＿＿＿＿　合同编号：＿＿＿＿＿＿＿＿＿＿＿＿＿＿＿＿＿＿＿＿

监理单位：＿＿＿＿＿＿＿＿＿＿＿＿＿＿＿＿＿＿＿＿＿＿＿＿　编　　号：＿＿＿＿＿＿＿＿＿＿＿＿＿＿＿＿＿＿＿＿

单位工程名称		分部工程名称	
分项工程名称		验收单元工程（工序）	
工程部位		申请开工工程（工序）	
施工依据			
施工时段	自＿＿＿＿年＿＿月＿＿日＿＿至＿＿＿＿年＿＿月＿＿日		
施工缺陷鉴定			
地质缺陷鉴定			
单位	意见		签名
施工单位			
监理单位			
设计单位			
发包单位			
日期			＿＿＿＿＿＿年＿＿月＿＿日

说明：本表由施工单位报送四份，监理单位签署意见后，监理单位留一份，返回三份备查和存档。

表 E.13　工程设计图文件签审表

设计（勘察）单位：＿＿＿＿＿＿＿＿＿＿＿＿　合同号：＿＿＿＿＿＿＿　NO：设（勘）＿＿＿＿＿＿＿

序号	设计文件名称	文图号	报送份数	监理单位签审记录

设计（勘察）单位报送记录	本批报送图纸＿＿＿＿件，文字报告和说明＿＿＿件。 设计（勘察）单位：（公章） 项目负责人： 日期：＿＿＿年＿＿月＿＿日	监理单位审签意见	监理单位：（公章） 监理工程师： 日期：＿＿＿年＿＿月＿＿日

说明：一式三份报发包单位，审签后返回报送单位一份。

表 E.14 施工组织设计审批表

工程名称：_____ 合同号：_____ NO：施_____

致：_____（监理单位）

我方已根据施工合同的有关规定完成了_____工程的施工组织设计（施工方案）的编制，并经我单位技术负责人审查批准，请予以审查。

附：施工组织设计（施工方案）

施工单位：（公章）

项目负责人：

日期：_____年___月___日

□同意 □修改后再报 □不同意 （以下写出具体意见）

监理工程师意见：

监理工程师：

日期：_____年___月___日

总监理工程师：

监理单位：（公章）

总监理工程师：

日期：_____年___月___日

说明：一式三份，监理单位审批后，送发包单位审定。审定后由监理单位返回施工单位一份。

表 E.15　事故处理报告

工程名称：_____　合同号：_____　NO：施_____

事故性质				预计损失			
设计	管理	操作		材料费	人工费	返工工数	金额
工程名称				事故部位			

事故经过和原因分析：

事故处理完成时间：

事故处理意见（结论）：

施工单位：（公章）
项目负责人：
技术负责人：
日期：_____年____月____日

监理单位意见：

监理单位：（公章）
总监理工程师：_____　_____年___月___日

说明：一式三份，监理单位审批后，返回施工单位一份，送发包单位一份。

表 E.16 工程质量缺陷处理申报表

工程名称：_____ 合同号：_____ NO：施_____

单位工程名称和编码			
质量缺陷的工程部位			
质量缺陷情况简要说明			
拟采取的修复措施			
附件目录	□修复措施报告 □修复图纸 □	计划施工时段	
施工单位申报记录	施工单位：（公章） 项目负责人： 技术负责人： 日期：_____年___月___日	监理单位审批意见	□ 按报送措施计划执行 □ 修改后重新报送 □ 监理单位：（公章） 监理工程师： 日期：_____年___月___日

说明： 一式三份，监理单位签署后，返回施工单位一份，送发包单位一份。

表 E.17 工程变更申请报告

工程名称：_____ 合同号：_____ NO：施_____

单位工程名称					
变更理由					
地质鉴定意见					
工程量变更记录	变更工程项目	单位	设计工程量	申报变更工程量	合同价格变更	
施工单位报送记录	本变更申报经审核无误（附件附后），报送审批。 （公章） 项目经理：　　　　日期：_____年___月___日					
设计单位意见	（公章） 项目经理：　　　　日期：_____年___月___日					
监理单位意见	（公章） 监理工程师：　　　　日期：_____年___月___日					
发包单位意见	（公章） 签署人：　　　　日期：_____年___月___日					

说明：一式两份，监理单位审签后，返回施工单位一份（变更设计需要国土部门批准）。

表 E.18 合同工程项目延长工期申请表

工程名称：_____ 合同号：_____ NO：施_____

<table>
<tr><td colspan="5">致监理单位：
　　由于本申报表所列举的原因，我单位要求对所申报的合同工程项目予以工期顺延，请审查核准。

 施工单位：（公章）
项目经理：
日期：_____年___月___日 </td></tr>
<tr><td rowspan="1">引用数据</td><td colspan="4"></td></tr>
<tr><td rowspan="2">工程项目与申报延期天数</td><td>工程项目和编码</td><td>合同完成工期</td><td>申报顺延天数</td><td>变更后的完成工期</td></tr>
<tr><td></td><td>_____年__月__日</td><td>___天</td><td>_____年___月___日</td></tr>
<tr><td>支持文件目录</td><td colspan="4">□ 当日记录与签证文件　　　□
□ 延长工期计算书　　　　　□
□</td></tr>
<tr><td>监理单位签证意见</td><td colspan="3">□ 不予同意工期顺延
□ 同意申报单位工程项目工期顺延____天
□ 继续补充报送支持记录和报告
□

监理单位：（公章）
签证人：
日期：_____年___月___日</td><td>发包单位审核意见

发包单位：（公章）
核准人：
日期：_____年___月___日</td></tr>
</table>

说明：一式三份，监理单位、发包单位核准后，返回施工单位一份。

表 E.19　工程竣工验收申请书

工程名称：＿＿＿＿＿＿＿＿＿＿＿＿＿＿＿＿　合同号：＿＿＿＿＿＿＿＿　NO：施＿＿＿＿＿＿

工程名称		建设（业主）单位				
工程地点		设计（勘察）单位				
工程性质		施工单位				
工程结构类型		监理单位				
工程规模		开工日期		年	月	日
工程造价		竣工日期		年	月	日
合同编号		交工日期		年	月	日
报告书包括的工程						

竣工验收申请：

　　我们已按承包合同和设计图纸完成了该工程，并进行了质量自检评定，竣工资料已汇编成册，请发包单位组织竣工验收，特此申请。

施工单位：（公章）

＿＿＿＿年＿＿月＿＿日

发包单位意见：

　　经研究，定于＿＿＿＿年＿＿月＿＿日进行竣工验收，请你单位做好一切准备。

发包单位：（公章）

＿＿＿＿年＿＿月＿＿日

说明：一式三份，监理单位、发包单位核准后，返回施工单位一份。

表 E.20 工程项目验收申请表

工程名称：_____ 合同号：_____ NO：施_____

致：_____（监理单位） 　我单位完成的_____ 工作，现上报该工程报验申请表，请予以审查和验收。 　附件   施工单位：（公章） 单位负责人： 申报日期：_____年___月___日
                   监理单位：（公章） 监理工程师： 日期：_____年___月___日

说明：一式三份，监理单位签证后，转报发包单位、返回申报单位各一份。

表 E.21　工程竣工移交通知书

（　　监理［20　］移　　号）

工程名称：_____　合同号：_____　NO：监_____

<table>
<tr><td>

致发包单位：

　　兹证明 _____ 号竣工报验单所报_____

_____ 工程，已按合同和监理工程师的指示完成，

从_____年_____月_____日开始，该工程进入保修阶段。

　　附注：（工程缺陷和未完工程）

</td></tr>
<tr><td>

监理工程师意见：

　　　　　　　　　　　监理工程师：_____　　_____年_____月_____日

</td></tr>
<tr><td>

总监理工程师意见：

　　　　　　　　　　　总监理工程师：_____　　_____年_____月_____日

</td></tr>
</table>

　　说明：一式三份，监理单位、发包单位、施工单位各一份。

表 E.22 工程测量成果报审表

工程名称：＿＿＿＿＿＿＿＿＿＿＿＿＿＿＿＿＿＿＿ 合同号：＿＿＿＿＿＿＿＿ NO：施＿＿＿＿＿＿＿＿

施工单位报送记录	致监理单位： 　　根据合同要求，我单位已完成＿＿＿＿＿＿＿＿＿＿＿＿＿的测量工作，施测成果经验收合格，特报审批。 　　　　　　　　　　　　　　　　　　　　　施工单位：（公章） 　　　　　　　　　　　　　　　　　　　　　技术负责人： 　　　　　　　　　　　　　　　　　　　　　项目负责人： 　　　　　　　　　　　　　　　　　　　　　日期：＿＿＿＿年＿＿月＿＿日				
工程部位和编号				测量单位	
施测项目	□地形测量　　　□控制测量　　　□施工测量　　　□变形测量 □剖面测量　　　□收方测量				
施测内容			测量说明		
施工单位复检记录	复检人： 复检日期：＿＿＿＿年＿＿月＿＿日		报送附件记录		
监理单位审签意见	结论：□合格 　　　　□纠正差错后合格 　　　　□纠正差错后再报 　　　　□ 　　　　　　　　　　　　　　　　　　　　　监理单位：（公章） 　　　　　　　　　　　　　　　　　　　　　审签人： 　　　　　　　　　　　　　　　　　　　　　日期：＿＿＿＿年＿＿月＿＿日				

说明：一式三份，监理单位审签后，返回申报单位一份，送发包单位一份。

表 E.23　进场材料检验报审表

施工单位：_____　合同号：_____　NO：施_____

工程名称						工程施工时段	
材料记录	材料名称						
	规格						
	数量						
	产地或厂家						
	进场日期						
	检查日期						
	使用部位						
储存情况	储存地点或库号：						
抽样方法					抽样数		
主要质量检测指标							
结论							
施工单位填报记录	经自检合格后审核无误，申报进场使用。 项目经理： 日期：_____年___月___日				监理单位意见	监理工程师： 日期：_____年___月___日	
附件目录	1. 准予进场使用的设备； 2. 更换后再报的设备； ……						

说明： 一式三份，监理单位签证后，返回施工单位一份，送发包单位一份。

表 E.24 砂浆配合比申请表

工程名称：_____　　　　　　NO：施 _____

委托单位：_____　　　　电　话：_____

砂浆种类：_____　标　号：_____　施工部位：_____

水泥品种及标号：_____　厂家：_____　试验编号：_____

出厂日期：_____　　进场日期：_____

砂子产地：_____　细度模数：_____　含泥量：_____　试验编号：_____

掺合料种类：_____　申请日期：_____　使用日期：_____

申请单位和项目负责人：_____

砂浆配合比通知表

试验编号：_____

标号	配合比					每 m³ 材料用量（kg）				
	水泥	水	砂子	掺合料	外加剂	水泥	水	砂子	掺合料	外加剂

提 要：砂浆黏度为 _____

_____

负责人：_____　审核：_____　计算：_____　试验：_____

试验室专用章_____　报告日期：_____年___月___日

说明：一式两份，送监理单位一份。

表 E.25 混凝土配合比申请表

工程名称：_____ NO：施 _____

委托单位：_____ 电 话：_____

施工部位：_____ 设计标号：_____

申请标号：_____ 要求坍落度：_____

其他技术要求：_____

搅拌方法：_____ 浇捣方法：_____ 养护方法：_____

水泥品种及标号：_____ 厂家及牌号：_____ 试验编号：_____

出厂日期：_____ 进场日期：_____

砂子产地及品种：_____ 细度模数：_____ 含泥量：_____ 试验编号：_____

石子产地及品种：_____ 最大粒径：_____ 含泥量：_____ 试验编号：_____

其他材料：_____

掺合料种类：_____ 外加剂名称：_____

申请日期：_____ 使用日期：_____ 申请单位和项目负责人：_____

混凝土配合比通知单

标号	水灰比	砂率（%）	水泥（kg）	水（kg）	砂（kg）	石（kg）	掺合料	外加剂	配合比	试配编号
备注										

负责人：_____ 审核：_____ 计算：_____ 试验：_____

试验室专用章_____ 报告日期：_____年___月___日

说明：一式两份，送监理单位一份。

表 E.26 工程施工技术交底记录表

工程名称：_____ 合同号：_____

施工单位：_____ NO：施_____

单位工程		分部工程	
分项工程			

交底内容

附设计图纸及有关技术规范

_____年_____月_____日

技术负责人		施工员		班组长	

说明： 一式两份，送监理工程师一份。

表 E.27 混凝土浇筑施工记录表

工程名称：_____ 合同号：_____

施工单位：_____ NO：施_____

分项工程名称		浇筑日期：　年　月　日　时至　年　月　日　时				
天气情况：				气温：　　℃		
混凝土设计强度等级：				模板检查人：		
出盘温度：				入模温度：		
混凝土 配合比	使用材料	规格产地	每立方米用量	每盘用量	材料含水量	实际每盘用量
混凝土设计坍落度：				混凝土实际坍落度：		
试件数量：				编号：		
完成浇筑方量：				单层浇筑厚度：		
捣固方法：				捣固器作用深度：		
最大间隔浇筑时间：						
浇注中出现的问题及处理情况：						
工长：		质检员：			记录员：	
施工单位：（公章） 项目负责人： 技术负责人： 　　　　　年___月___日			监理单位：（公章） 监理工程师： 　　　　　年___月___日			

说明：一式三份，各单位各一份。

表 E.28 隐蔽工程检查记录表

工程名称：_____ 合同号：_____

施工单位：_____ NO：施_____

隐检项目		检查部位	
施工时间	年　月　日至　年　月　日		
检查日期			

隐检内容	填表人：_____　_____年___月___日

检查意见		复查意见	
	_____年___月___日		_____年___月___日

施工单位	设计单位	监理单位
施工员： 质检员： 技术负责人： 项目负责人： _____年___月___日	设计代表： _____年___月___日	监理工程师： _____年___月___日

说明：一式四份，各单位一份。

表 E.29　预应力锚索编制情况表

工程名称：＿＿＿＿＿＿＿＿＿＿＿＿＿＿＿＿＿＿＿＿＿＿＿＿＿＿＿　合同号：＿＿＿＿＿＿＿＿＿＿＿

施工单位：＿＿＿＿＿＿＿＿＿＿＿＿＿＿＿＿＿＿＿＿＿＿＿＿＿＿＿　NO：施＿＿＿＿＿＿＿＿＿＿＿＿

锚索编号		吨位（kN）			类型	
钢绞线	根数：		直径：	下料长度：		孔内长度：
	去皮、清洗、除锈情况：					
止浆环	材料及直径：		气囊耐压：		环氧封填：	
灌（回）浆管材料及直径：			耐压：		长度：	
架线环	材料及直径：		锚固段距离：		张拉段距离：	
	架线环及索体绑扎情况：					
波纹管	材料：		直径：		长度：	
	针对中隔离支架安装及导向槽的连接：					
导向槽	直径：		长度：		安装：	
索体	锚固段长：		张拉段长：		索体总长：	
	外观检查：					
施工单位自检结论	质检员：　　　　技术负责人：　　　　项目负责人： 　　　　　　　　　　　　　　　　　　　＿＿＿＿年＿＿月＿＿日					
监理单位意见	监理工程师： 　　　　　　　　　　　　　　　　　　　＿＿＿＿年＿＿月＿＿日					

说明：一式三份，监理单位签证后，返回施工单位一份，送发包单位一份。

表 E.30　锚索孔造孔报审表

工程名称： _____　合同号： _____

施工单位： _____　NO：施 _____

锚孔编号			吨位（kN）			类型	
项目		单位	设计值	实测值	误差值		评价
孔口 桩号	孔口 高程	m					
	孔径	mm					
	方位角	(°)					
	倾角	(°)					
	孔深	m					
终孔孔斜		%					
		m					
	洗孔		清洁				
施工依据							
施工单位 自检结论		质检员：　　　　技术负责人：　　　　项目负责人： 　　　　　　　　　　　　　　　　　　　　　　_____年____月____日						
监理单位意见		监理工程师：　　　　　　　　　　　　　　　　_____年____月____日						

说明：一式三份，监理单位签证后，返回施工单位一份，送发包单位一份。

表 E.31 钻孔柱状图

工程名称：_____ 施工单位：_____

钻孔编号：_____ 孔深：_____ m 造孔日期：_____

孔口坐标：X _____ Y _____ Z _____

地层时代	层厚（m）	层深（m）	岩芯柱状图（1:　）	岩芯及其工程地质性质描述	孔内解译（电视、超声法等）

机　　长		记　　录		复　核	
技术负责人		整　　理		日　期	

说明：一式三份，送监理单位、发包单位各一份。

表 E.32 普通砂浆锚杆单元工程质量评定表

工程名称：_____ 合同号：_____

施工单位：_____ NO：施_____

单位工程			分部工程	
分项工程			单元工程	
起止桩号			起止高程	
锚杆排列间距				
锚杆规格型号	＿（m）＿（根）	＿（m）＿（根）	＿（m）＿（根）	＿（m）＿（根）

序号	验收项目	质量标准	质量情况
1	锚杆	材质、尺寸符合设计要求，无锈污	
2	砂浆（水泥卷）	标号不低于250#（7P）　　□早强型	
3	孔位偏差	＜10 cm	
4	钻孔孔斜偏差	2°～4°	
5	孔深偏差	±10 cm	
6	钻孔直径	大于锚杆直径15 mm以上	
7	清孔、注浆	无岩粉、无积水、注浆饱满	
8	抗拔力	符合设计要求　　抽检达到：＿＿kN	

施工单位 自检结论	质检员：　　　　　技术负责人：　　　　　项目负责人： 　　　　　　　　　　　　　　　　　年＿＿月＿＿日
监理单位 意见	监理工程师： 　　　　　　　　　　　　　　　　　年＿＿月＿＿日

说明：一式三份，监理单位签证后，返回施工单位一份，送发包单位一份。

表E.33 锚孔放样及造孔质量检测记录表

工程名称：_____ 合同号：_____

施工单位：_____ NO：施_____

单位工程			分部工程				分项工程				
单元工程			起止桩号				起止高程				
孔距（m）			排距（m）				孔、排距				
分缝线桩号			设计图纸								

编号		1	2	3	4	5	6	7	8	9	10	11	12
设计孔位（m）	X												
	Y												
	Z												
孔位偏差（cm）	X												
	Y												
	Z												
孔深（m）													
倾角（°）													
方位角（°）													
孔轴线偏差（°）													
孔内冲洗情况													
合格点数						合格率							

施工单位自检结论：

质检员： 技术负责人： 项目负责人： _____年___月___日

监理单位意见：

监理工程师： _____年___月___日

说明：1. X 偏差值 = 实测值 − 设计值（ + 偏上游、 − 偏下游）；

2. Y 偏差值 = 实测值 − 设计值（南线北坡、北线北坡）或设计值 − 实测值（南线南坡、北线南坡）（ + 超挖、 − 欠挖）；

3. Z 偏差值 = 实测值 − 设计值（ + 偏上、 − 偏下）；

4. 一式三份，监理单位签证后，返回施工单位一份，送发包单位一份。

表 E.34 爆破石方开挖质量检查表

工程名称：_____ 合同号：_____
施工单位：_____ NO：施_____

单位工程				分部工程			分项工程	
工程部位			起止桩号	X（m）			爆破设计编号	
				Y（m）			高程（m）	
检查项目			设计值	实测值（平均）		施工单位自检结论	监理单位意见	
钻孔	孔数	主爆孔						
		缓冲孔						
		光（预）孔				质检员：		
	孔距	主爆孔				技术负责人：		
		缓冲孔				项目负责人：	监理工程师：	
		光（预）孔				年 月 日	年 月 日	
	孔深	主爆孔						
		缓冲孔						
		光（预）孔						
	排数							
	排距（m）							
装药	线密度	上部						
		中部						
		下部				质检员：		
	堵塞长（m）					技术负责人：		
	单孔药量（kg）					项目负责人：	监理工程师：	
	单响药量（kg）					年 月 日	年 月 日	
爆后坡面观测	不平整度		≤15cm					
	半孔率					质检员：		
	底部孔距/偏差		≤孔距1/2			技术负责人：		
	超欠挖	超挖	≤20 cm			项目负责人：	监理工程师：	
		欠挖	禁止			年 月 日	年 月 日	

说明：一式三份，监理单位签证后，返回施工单位一份，送发包单位一份。

表 E.35 砂子试验报告

工程名称：_____ 取样日期：_____

委托单位：_____ 试验编号：_____

砂子产地：_____ 代表数量：_____

委托试验单位和项目负责人：_____

一、筛分析：1. M_x_____ 2. 颗粒级配_____ 二、视比重_____g/cm³ 三、容重_____kg/m³ 四、含泥量_____% 五、吸水率_____% 六、砂的含水率_____% 七、砂中有机质含量_____% 八、云母含量_____% 九、轻物质含量_____% 十、坚固性_____ 十一、空隙率_____%	
结论	

负责人：_____ 审核：_____ 计算：_____ 试验：_____

试验室专用章 _____ 报告日期：_____年___月___日

说明：一式两份，送监理单位一份。

表 E.36 钢筋（原材、焊接）试验报告

委托单位：_____　　委托试样编号：_____

工程名称及部位：_____

试件种类：_____　　钢材种类：_____　　试验项目：_____

焊接操作人：_____　　委托试验单位和项目负责人：_____

☐ 力学试验成果

试样编号	规格	面积（mm²）	屈服点	极限强度	伸长率 δ₅（%）	断口位置及判定	冷弯			备注
							弯心直径	角度	评定	

☐ 化学试验成果

编号	碳	硫	磷	锰	硅	……	

☐ 试验结论_____

_____

负责人：_____　审核：_____　计算：_____　试验：_____

试验室专用章 _____　报告日期：_____年____月____日

说明： 无专用表时，用此通用表；一式三份，送监理单位、发包单位各一份。

表 E.37　碎（卵）石试验报告

工程名称：_____　　取样日期：_____

委托单位：_____　　试验编号：_____

产地及品种：_____　　代表数量：_____

委托试验单位和项目负责人：_____

一、筛分析：	二、视比重（g/cm³）：	五、吸水率（%）：
三、容重（kg/m³）：	四、含泥量（%）：	八、针片状总含量（%）：
六、含水率（%）：	七、有机质含量（%）：	十一、空隙率（%）：
九、压碎指标值（%）：	十、坚固性（%）：	
结论		

负责人：_____　审核：_____　计算：_____　试验：_____

试验室专用章 _____　报告日期：_____ 年 ___月___日

说明： 一式三份，送监理单位、发包单位各一份。

表 E.38 砂浆试块试压报告

工程名称：_____ 工程部位：_____

委托单位：_____ 试验编号：_____

砂浆种类：_____ 砂子标号：_____ 稠度：_____

水泥品种及标号：_____ 砂子产地：_____ 砂子细度模数：_____

掺合料种类：_____ 外加剂种类：_____

砂浆配合比编号	配 合 比					每 m³ 砂浆各种材料用量（kg）				
	水泥	砂子	白灰膏	掺合料	外加剂	水泥	砂子	白灰膏	掺合料	外加剂

制模日期：_____ 养护条件：_____ 要求龄期：_____ 要求试压日期：_____

试块收到日期：_____ 委托试验单位和项目负责人：_____ 试块制作人：_____

试件编号	实际龄期	试压日期	试件规格	受压面积（mm²）	压力（kN）		平均极限强度（N/mm²）	到达设计强度（%）	备注
					单块	平均			
备注									

负责人：_____ 审核：_____ 计算：_____ 试验：_____

试验室专用章 _____ 报告日期：_____ 年___月___日

说明： 一式三份，送监理单位、发包单位各一份。

表 E.39 混凝土（砂浆）试块试压报告目录表

工程名称：_____ 合同号：_____

施工单位：_____ NO：施_____

序号	试验编号	制作日期	部位名称	混凝土（砂浆）强度					达到设计强度（%）
				图纸要求	施工使用	R3	R7	R28	

复核人：　　　　　　　　　　　制表人：

说明：一式三份，送监理单位、发包单位各一份。

表 E.40 混凝土抗压强度试验报告

工程名称：_____　　工程部位：_____

委托单位：_____　　试验编号：_____

设计标号：_____　拟配标号：_____　要求坍落度：_____cm　实测坍落度：_____cm

水泥品种及标号：_____　厂家：_____　出厂日期：_____　试验编号：_____

砂子产地及品种：_____　细度模数：_____　含泥量：_____%　试验编号：_____

石子产地及品种：_____　最大粒径：_____　含泥量：_____%　试验编号：_____

掺合料名称：_____　产地：_____　　占水泥用量的：_____%

外加剂名称：_____　产地：_____　　占水泥用量的：_____%

施工配合比：_____　水灰比：_____　　砂率：_____%

配合比 编号	材料名称 用量	水泥	水	砂子	石子	掺合料	外加剂
	每立方米用量（kg）						
	每立方米用量（kg）						
	每立方米用量（kg）						

制模日期：_____　　要求龄期：_____　　要求试验日期：_____

试块收到日期：_____　试块养护条件：_____　委托试验单位和负责人：_____

试件 日期	试验 日期	实际 龄期	试件 规格 （mm）	荷载（N）		平均极 限强度 （N/mm²）	折合 150 mm 立方强度 （N/mm²）	达到设计 强度（%）
				单块	平均			
备注								

负责人：_____　审核：_____　计算：_____　试验：_____

试验室专用章_____　　报告日期：_____年_____月_____日

说明：一式三份，送监理单位、发包单位各一份。

表 E.41 _____锚固灌浆质量检验报告表

工程名称：_____　合同号：_____

施工单位：_____　NO：施_____

锚孔编号		吨位（kN）		类型	
项目	标准值	实测值		误差值	评价
浆材编号					
水泥品种					
水灰比					
外加剂掺量（%）					
灌浆压力（MPa）					
灌浆时间（min）					
灌浆量（L）					
回浆比重					
施工单位 自检结论	质检员：　　　技术负责人：　　　项目负责人： 　　　　　　　　　　　　　　　　　　____年__月__日				
监理单位 意见	监理工程师： 　　　　　　　　　　　　　　　　　　____年__月__日				

说明： 表头空格分别填"内锚段"、"张拉段"或"全孔"。一式三份，监理单位签证后，返回施工单位一份，送发包单位一份。

表 E.42 钻孔灌浆质量检验报告表

工程名称：_____ 合同号：_____

施工单位：_____ NO：施_____

单位工程				分部工程	
分项工程				起止桩号（高程）	
单元工程				工程量（m）	
施工依据					
钻孔说明	孔号		孔位偏差	m	……
	孔径	mm	混凝土厚	m	
	孔口高程	m	岩石厚	m	
	孔斜度	°	开孔：年 月 日	结束：年 月 日	
交接情况	实测孔深				
	交孔人		测斜记录		
	初检人				
	复检人				
施工单位自检结论	质检员： 技术负责人： 项目负责人： _____年___月___日				
监理单位意见	监理工程师： _____年___月___日				

说明：一式三份，监理单位签证后，返回施工单位一份，送发包单位一份。

表 E.43 浆砌排水沟现场质量检验报告表

工程名称：_____ 合同号：_____

施工单位：_____ NO：施_____

分项工程			施工时间	
部　　位			检验时间	
项次	检验 项 目	规定值或允许偏差	检验结果	检验方法和频率
1	砂浆强度（MPa）			
2	轴线偏位（mm）			
3	沟底高程（mm）			
4	墙面顺直度或坡降（mm）			
5	断面尺寸（mm）			
6	铺砌厚度（mm）			
7	基础垫层宽、厚（mm）			
单位自检结论	质检员：　　　　　技术负责人：　　　　　项目负责人： 　　　　　　　　　　　　　　　　　　　　　_____年___月___日			
监理单位意见	监理工程师： 　　　　　　　　　　　　　　　　　　　　　_____年___月___日			

说明：一式三份，监理单位签证后，返回施工单位一份，送发包单位一份。

表 E.44 浆砌砌体和混凝土挡土墙现场质量检验报告表

工程名称：_____ 合同号：_____

施工单位：_____ NO：施_____

分项工程				施工时间	
部　位				检验时间	
项次	检验项目			规定值或允许偏差	检验结果	检验方法和频率
1	砂浆或混凝土强度（MPa）					
2	平面位置 （mm）	浆砌挡土墙				
		混凝土挡土墙				
3	顶面 高程 （mm）	重点	浆砌挡土墙			
			混凝土挡土墙			
		一般	浆砌挡土墙			
			混凝土挡土墙			
4	断面尺寸（mm）					
5	底面高程（mm）					
6	平面平整度 （mm）	块石				
		片石				
		混凝土				

单位 自检 结论	质检员：　　　　　技术负责人：　　　　　项目负责人： 　　　　　　　　　　　　　　　　　　　　　　　_____年___月___日
监理 单位 意见	监理工程师： 　　　　　　　　　　　　　　　　　　　　　　　_____年___月___日

说明：一式三份，监理单位签证后，返回施工单位一份，送发包单位一份。

表 E.45 干砌石挡土墙现场质量检验报告表

工程名称：_____ 合同号：_____

施工单位：_____ NO：施_____

分项工程			施工时间	
部　　位			检验时间	

项次	检验项目	规定值或允许偏差	检验结果	检验方法和频率
1	平面位置（mm）			
2	顶面高程（mm）			
3	竖直度或坡度（°）			
4	断面尺寸（mm）			
5	底面高程（mm）			
6	平面平整度（mm）			
单位 自检 结论	质检员：　　　技术负责人：　　　项目负责人： _____年___月___日			
监理 单位 意见	监理工程师： _____年___月___日			

说明：一式三份，监理单位签证后，返回施工单位一份，送发包单位一份。

表 E.46　挡土墙总体现场质量检验报告表

工程名称：_____　合同号：_____
施工单位：_____　NO：施_____

分项工程			施工时间	
部　位			检验时间	
项次	检 验 项 目		规定值或允许偏差	检验结果	检验方法和频率
1	墙顶平面位置（mm）	路堤式			
		路肩式			
2	墙顶高程（mm）	路堤式			
		路肩式			
3	墙面竖直度或坡度（°）				
4	胀缩缝（mm）				
5	墙面平整度（mm）				
6					
单位自检结论	质检员：　　　　　技术负责人：　　　　　项目负责人： 　　　　　　　　　　　　　　　　　　　　　_____年___月___日				
监理单位意见	监理工程师： 　　　　　　　　　　　　　　　　　　　　　_____年___月___日				

说明：一式三份，监理单位签证后，返回施工单位一份，送发包单位一份。

表 E.47 浆砌石现场质量检验报告表

工程名称：_____ 合同号：_____

施工单位：_____ NO：施_____

分项工程			施工时间	
部　位			检验时间	
项次	检验项目		规定值或允许偏差	检验结果	检验方法和频率
1	砂浆强度（MPa）				
2	大面平整度（mm）	料石			
		块石			
		片石			
3	顶面高程（mm）	料、块石			
		片石			
4	竖直度或坡度	料、块石			
		片石			
5	端面尺寸（mm）	料石			
		块石			
		片石			
单位自检结论	质检员：　　　　　技术负责人：　　　　　项目负责人： 　　　　　　　　　　　　　　　　　　　　_____年___月___日				
监理单位意见	监理工程师： 　　　　　　　　　　　　　　　　　　　　_____年___月___日				

说明：一式三份，监理单位签证后，返回施工单位一份，送发包单位一份。

表 E.48 干砌石现场质量检验报告表

工程名称：_____ 合同号：_____

施工单位：_____ NO：施_____

分项工程		施工时间	
部　位		检验时间	

项次	检验项目	规定值或允许偏差	检验结果	检验方法和频率
1	大面平整度（mm）			
2	顶面高程（mm）			
3	外形尺寸（mm）			
4	厚度（mm）			
5				

单位自检结论	质检员：　　　　　技术负责人：　　　　　项目负责人： 　　　　　　　　　　　　　　　　　　　　_____年___月___日
监理单位意见	监理工程师： 　　　　　　　　　　　　　　　　　　　　_____年___月___日

说明：一式三份，监理单位签证后，返回施工单位一份，送发包单位一份。

表 E.49 石笼防护现场质量检验报告表

工程名称：_____ 合同号：_____
施工单位：_____ NO：施_____

分项工程			施工时间	
部 位			检验时间	

项次	检验项目	规定值或允许偏差	检验结果	检验方法和频率
1	平面位置（mm）			
2	长度（mm）			
3	宽度（mm）			
4	高度（mm）			
5				

单位自检结论	质检员： 技术负责人： 项目负责人： _____年___月___日
监理单位意见	监理工程师： _____年___月___日

说明：一式三份，监理单位签证后，返回施工单位一份，送发包单位一份。

表 E.50　钻（挖）孔灌注桩现场质量检验报告表

工程名称：_____　　合同号：_____

施工单位：_____　　NO：施_____

分项工程				施工时间	
部　　位				检验时间	
项次	检 验 项 目		规定值或允许偏差	检验结果	检验方法和频率
1	混凝土强度（MPa）				
2	桩位（mm）	群桩			
		排架桩			
3	倾斜度（°）	直桩			
		斜桩			
4	沉淀厚度（mm）	摩擦桩			
		支撑桩			
5	钢筋骨架底面高程（mm）				
6					
单位自检结论	质检员：　　　　技术负责人：　　　　项目负责人： 　　　　　　　　　　　　　　　　　　　　_____年___月___日				
监理单位意见	监理工程师： 　　　　　　　　　　　　　　　　　　　　_____年___月___日				

说明：一式三份，监理单位签证后，返回施工单位一份，送发包单位一份。

表 E.51 钻孔桩桩孔现场质量检验报告表

工程名称：_____ 合同号：_____

施工单位：_____ NO：施_____

分项工程		施工时间	
部　　位		检验时间	

项次	检验项目	规定值或允许偏差	检验结果	检验方法和频率
1	倾斜度			
2	钻孔底标高（mm）			
3	钻孔深度（mm）			
4	钻孔直径（mm）			
5	护筒顶标高（mm）			
6	地质情况			
7				
单位自检结论	质检员：　　　　技术负责人：　　　　项目负责人： 　　　　　　　　　　　　　　　　　　　　　_____年___月___日			
监理单位意见	监理工程师： 　　　　　　　　　　　　　　　　　　　　　_____年___月___日			

说明：一式三份，监理单位签证后，返回施工单位一份，送发包单位一份。

表 E.52　钻孔桩钢筋现场质量检验报告表

工程名称：_____　合同号：_____

施工单位：_____　NO：施_____

分项工程				施工时间	
部　位				检验时间	
项次	检验项目		规定值或允许偏差	检验结果	检测方法和频率
1	主筋	根数			
		直径（mm）			
		间距（mm）			
		焊接长度（mm）			
2	骨架筋	长度（mm）			
		外径（mm）			
3	箍筋间距（mm）				
4	保护层厚度（mm）				
5					
施工单位自检结论	质检员：　　　　技术负责人：　　　　项目负责人： 　　　　　　　　　　　　　　　　　　　　　_____年___月___日				
监理单位意见	监理工程师： 　　　　　　　　　　　　　　　　　　　　　_____年___月___日				

说明：一式三份，监理单位签证后，返回施工单位一份，送发包单位一份。

表E.53 钢筋加工与安装现场质量检验报告表

工程名称：_____ 合同号：_____

施工单位：_____ NO：施_____

分项工程				施工时间	
部　位				检验时间	

项次	检验项目			规定值或允许偏差	检验结果	检验方法和频率
1	受力钢筋面积（mm²）	两排以上排距				
		同排	梁板、拱肋			
			基础、墩台、柱			
		灌注桩				
2	钢筋、横向水平钢筋、螺旋筋间距（mm）	箍筋、水平筋				
		螺旋筋				
3	钢筋骨架尺寸（mm）	长				
		宽、高或直径				
4	弯起钢筋位置（mm）					
5	保护层厚度（mm）	柱、梁、拱肋				
		基础、墩台				
		板				
单位自检结论	质检员：　　　　　　技术负责人：　　　　　　项目负责人： 　　　　　　　　　　　　　　　　　　　　　　__年___月___日					
监理单位意见	监理工程师： 　　　　　　　　　　　　　　　　　　　　　　__年___月___日					

说明：一式三份，监理单位签证后，返回施工单位一份，送发包单位一份。

表 E.54 防护网现场质量检验报告表

工程名称：_____ 合同号：_____

施工单位：_____ NO：施_____

分项工程		施工时间	
部　　位		检验时间	
项次	检验项目	规定值或允许偏差	检验结果	检验方法和频率
1	网的长、宽（mm）			
2	网眼尺寸（mm）			
3	对角线差（mm）			
4	……			

单位自检结论

质检员：　　　　　　　技术负责人：　　　　　　项目负责人：

_____年___月___日

监理单位意见

监理工程师：

_____年___月___日

说明：一式三份，监理单位签证后，返回施工单位一份，送发包单位一份。

表 E.55 预制桩钢筋安装现场质量检验报告表

工程名称：＿＿＿＿＿＿＿＿＿＿＿＿＿＿＿＿＿＿＿＿＿＿＿＿＿＿＿＿＿＿ 合同号：＿＿＿＿＿＿＿＿＿
施工单位：＿＿＿＿＿＿＿＿＿＿＿＿＿＿＿＿＿＿＿＿＿＿＿＿＿＿＿＿＿ NO：施＿＿＿＿＿＿＿＿

分项工程			施工时间	
部 位			检验时间	
项次	检验项目	规定值或允许偏差	检验结果	检验方法和频率
1	钢筋网间距（mm）			
2	箍筋、螺旋筋 间距（mm） 箍筋 螺旋筋			
3	纵钢筋保护层（mm）			
4	柱顶钢筋网片位置（mm）			
5	纵顶筋底尖端位置（mm）			
6	……			
单位 自检 结论	质检员：　　　　　技术负责人：　　　　　项目负责人： 　　　　　　　　　　　　　　　　　　　　　＿＿＿＿＿年＿＿月＿＿日			
监理 单位 意见	监理工程师： 　　　　　　　　　　　　　　　　　　　　　＿＿＿＿＿年＿＿月＿＿日			

说明：一式三份，监理单位签证后，返回施工单位一份，送发包单位一份。

表 E.56 基础质量检验报告表

工程名称：_____ 合同号：_____

施工单位：_____ NO：施_____

分项工程				施工时间	
部　位				检验时间	
项次	检验项目		规定值或允许偏差	检验结果	检验方法和频率
1	混凝土强度（MPa）				
2	平面尺寸（mm）				
3	基础底面标高（mm）	土质			
		岩质			
4	轴线偏位（mm）				
5	……				

单位自检结论	质检员：　　　　　技术负责人：　　　　　项目负责人： 　　　　　　　　　　　　　　　　　　　_____年___月___日
监理单位意见	监理工程师： 　　　　　　　　　　　　　　　　　　　_____年___月___日

说明：一式三份，监理单位签证后，返回施工单位一份，送发包单位一份。

表 E.57　锚喷支护现场质量检验报告表

工程名称：_____　合同号：_____
施工单位：_____　NO：施_____

分项工程			施工时间	
部　位			检验时间	

项次	检验项目	规定值或允许偏差	检验结果	检验方法和频率
1	混凝土强度（MPa）			
2	锚杆拔力（kN）			
3	喷层厚度（mm）			
4				
5				

单位自检结论	质检员：　　　　技术负责人：　　　　项目负责人： 　　　　　　　　　　　　　　　　　　　　　_____年___月___日
监理单位意见	监理工程师： 　　　　　　　　　　　　　　　　　　　　　_____年___月___日

说明：一式三份，监理单位签证后，返回施工单位一份，送发包单位一份。

表 E.58 喷射混凝土质量检验报告表

工程名称：_____ 合同号：_____
施工单位：_____ NO：施_____

分项工程			喷射方法		
工程部位			喷射混凝土体积（m³）		
施工日期			喷射混凝土面积（m²）		
速凝剂及控制点			检验方法		
检查项目	点位	设计值	允许值	实测值	结果
配合比	灰砂比				
	水灰比				
	砂率				
与岩石黏结力					
试件强度		（ ）天达_____MPa		（ ）天达_____MPa	

对受喷面和喷射结果检查：

初检人：   终检人：   _____年___月___日

单位自检结论	技术负责人： 项目负责人： _____年___月___日
监理单位意见	监理工程师： _____年___月___日

说明： 一式三份，监理单位签认后，返回施工单位一份，送发包单位一份。